JN079376

公共調達における事業手法の選択基準：VFM

土木学会建設マネジメント委員会
インフラPFI/PPP研究小委員会

土木学会

目　次

第Ⅱ部

第Ⅲ部

あとがき

章・節別執筆者一覧

※ 執筆者は個人の立場で参加しており, 本書の内容はその所属する機関等には
　関わりがありません.

執筆者一覧

	氏名	所属	担当章
委員長	宮本和明	パシフィックコンサルタンツ株式会社	1※
副委員長	大島邦彦	株式会社熊谷組	2※
副委員長	渡会英明	立命館大学	4※
幹事長	村松和也	パシフィックコンサルタンツ株式会社	2※
幹事	大西正光	京都大学	補.1
幹事	北詰恵一	関西大学	3※, 5, 補.2
幹事	小石川隆太	清水建設株式会社	1
幹事	内藤誠司	パシフィックコンサルタンツ株式会社	2
幹事	長谷川専	株式会社三菱総合研究所	5
幹事	松月さやか	パシフィックコンサルタンツ株式会社	4
	安間匡明	福井県立大学	補.1
	稲垣博信	株式会社DigitalBlast	3
	後藤忠博	株式会社オリエンタルコンサルタンツ	5※
	小林 修	戸田建設株式会社	4
	小林 健	西松建設株式会社	3
	佐藤良一	鹿島建設株式会社	4
	志田山智弘	株式会社オリエンタルコンサルタンツ	5
	柴田憲一	株式会社奥村組	5
	鈴木文彦	株式会社大和総研	3
	高木 智	大日コンサルタント株式会社	4
	長南政宏	株式会社建設技術研究所	4
	中川知子	川島町役場	4
	中野秀俊	株式会社オリエンタルコンサルタンツグローバル	5
	永吉洋之	日本工営株式会社	5
	町田裕彦	東洋大学	2

※：とりまとめ担当

※ 執筆者は個人の立場で参加しており，本書の内容はその所属する機関等には関わりがありません．

まえがき

　民間資金等の活用による公共施設等の整備等の促進に関する法律（平成 11 年 7 月 30 日法律第 117 号）いわゆる PFI 法が制定されてから 20 年が経過した．内閣府民間資金等活用事業推進室（以下，内閣府）の資料によると 2019 年 3 月 31 日現在までで国及び地方公共団体等において通算 740 件の事業が実施されてきたことから，PFI はわが国において事業方式としてある程度定着してきたということができる．しかし，その一方で，建物事業が中心でインフラ事業の実施は僅かにすぎない，地方公共団体の内 85％もの団体において実施経験が無い（内閣府調べ，2018 年 3 月 31 日現在）等の課題が指摘されている．

　PFI（Private Finance Initiative）は英国において財政再建を目的に発案された公共サービス調達のための事業方式である．その基本型はサービス購入型と呼ばれる．まず，公共サービスの提供に必要な施設の設計，建設，維持管理・運営，さらには初期投資のための資金調達までを一括して民間事業者に委ねる．そして，公共は提供される公共サービスに対し民間事業者に公的財源からサービス購入料を支払う事業スキームである．PFI を導入する目的は設計から運営までの一括発注と適切な公共から民間へのリスク移転に対して民間事業者のノウハウが発揮されること，融資機関による事業監視により事業規律が高まること等により，財政支出の削減とともに提供されるサービスの質の向上が図れる，言いかえると，本書の主題である VFM（Value for Money）を高めることである．

　先に記した，大多数の地方公共団体でいまだ導入が進まない，また，インフラ事業での実績がほとんどない等の課題の基本的な背景には，これまでとは異なる事業プロセスに対する担当者の抵抗感などが存在するが，PFI の効果である VFM に対する理解が十分に得られていないことも一つの大きな理由として考えられる．

　そこで，本書の目的は公共サービスの提供事業における効率性及び効果の指標としての VFM の測定方法だけではなく，それを高めるための一連のマネジメントについて改めて検討して提示することにより，わが国におけるインフラ分野をはじめとする適切な事業に対して PFI の導入を推進することである．なお，本書では PFI の代表的な事業スキームであるサービス購入型 PFI を主な対象としている．

本書の読者としては以下の方々を想定している．まず，PFI の必要性と導入効果を高める考え方を理解したい国及び地方公共団体等の担当職員，事業提案において付加価値を付けたい民間企業の担当者，金融機関の事業審査や事業監視の担当者，改めて VFM に関して整理したいコンサルタント，さらに，土木，建築，都市，経済，会計等の関係分野の教員，大学院生，学部生である．

本書は公益社団法人土木学会建設マネジメント委員会の下に設置されているインフラ PFI/PPP 研究小委員会のメンバーによる分担執筆である．全体の取り纏めは小委員会幹事である関西大学の北詰恵一教授が主査，京都大学の大西正光准教授が副査として担当した．執筆者については巻頭に一覧として示している．

インフラ PFI/PPP 研究小委員会は「わが国において社会資本（土木施設）整備を必要とする PFI 事業を形成し実現していくための課題を明確にし，その分析・検討を通して解決策を提言する」ことを目的に掲げ，2001 年 7 月に PFI 研究小委員会として設立した．その後，2013 年度に現在の名称に変更したが，設立以来，継続して活動を続けている．活動成果に関しては多くの報告書を刊行し，また，Web 上でも公開をしている．さらに，その成果の一部は，内閣府の民間資金等活用事業推進委員会への資料提供や，「東日本大震災の復旧・復興に向けた PFI/PPP の活用に関する提言」の公表等で社会に還元してきている．

インフラ PFI/PPP 研究小委員会はこれまで様々な視点から内外の PFI/PPP を対象とした調査研究を行ってきている．本書はその中で VFM に特化した部分を切り出し，図書としてまとめたものである．その他の成果に関しては以下の Web サイトを参照されたい．

本書がわが国における PFI のさらなる導入と発展に寄与することを切に期待するものである．

2020 年 3 月

公益社団法人　土木学会
建設マネジメント委員会
インフラ PFI/PPP 研究小委員会
委員長　　　　宮本和明
http://www.jsce.or.jp/committee/cmc/infra-pfi/index.html

本書における PFI, PPP 等の用語について

　本書が対象とする公民（官民）連携の事業方式は，近年 PPP/PFI と総称されることが一般的になってきているが，本書では一部で PFI/PPP と表記することもあるので，その意図についてここで説明しておきたい．

　PPP（Public Private Partnership）は国や地方公共団体等と民間事業者が連携して公共サービスを提供する事業方式の総称で，多様な事業形態が存在する．

　一方，PFI（Private Finance Initiative）は英国発祥の事業方式名で，上記のPPP に含まれるが，その代表的な事業方式は「まえがき」で説明したサービス購入型である．国際的にはこの PFI の事業方式も PPP と呼ばれることが一般的であるが，英国とわが国では PFI を用いることが多い．

　わが国では PFI の導入当初は PFI のみを表記していたが，広範な公民連携の多様な手法をも包含した「PPP/PFI の抜本改革に向けたアクションプラン」が2013 年に策定されて以来，国をはじめ多くの機関で PPP/PFI と表記することが一般化してきた．

　しかし，本書では先に述べたサービス購入型 PFI 事業方式を主要な対象とすることから，それに関わる記述においては原則として PFI，より広い事業方式一般に関する場合は PPP/PFI と表記することとしている．

　また，本書の執筆母体である土木学会建設マネジメント委員会インフラPFI/PPP 研究小委員会は，「はじめに」に記したように 2001 年に「PFI 研究小委員会」として設立した．その後 2 回改称したが，インフラ事業における PFIを一貫して主な対象としていることから，その趣旨を踏まえて「インフラPFI/PPP 研究小委員会」と称している．そのため一般的に「PPP/PFI」と称されているものではなく，PFI を主な対象としているという場合においては，あえて「PFI/PPP」と表記している．

第Ⅰ部

1. PFI/PPP 概論

1.1 PPP, PFI と本書の対象

　PPP（Public Private Partnership）は国や地方公共団体等（以下，公共）と民間事業者が連携して公共サービスを提供する事業方式の総称で，多様な事業形態が存在する．従来型事業方式で実施されていた大規模な土木インフラ事業から身近な公園等のサービスに至るまで，国際的には PPP の導入が大きな潮流と言える．

　PFI（Private Finance Initiative）は英国発祥の事業方式名で，PPP に含まれるが，公共サービスを提供するための施設の設計から建設，維持管理・運営までを一括して民間事業者に発注し，さらに民間事業者が施設整備等の初期費用を自ら資金調達するサービス購入型と呼ばれる事業方式が代表的である．国際的にはPFI の事業方式も PPP と呼ばれることが一般的であるが，英国とわが国では PFIを用いることが多い．

　わが国では PFI の導入から広範な公民（あるいは官民）連携の多様な手法に発展させてきた経緯から，公民連携事業の総称として PPP/PFI と記すことが一般化している．しかし，本書では主に 1.3.1 で説明するサービス購入型 PFI 事業を対象とすることから，それに関わる記述においては原則として PFI，より広い事業に関する場合は PPP/PFI と表記することとする．

　PFI の法的根拠となる「民間資金等の活用による公共施設等の整備等の促進に関する法律」（平成 11 年 7 月 30 日法律第 117 号）いわゆる PFI 法が制定されてから 20 年が経過した．内閣府民間資金等活用事業推進室（以下，内閣府）の資料[1]によると 2019 年 3 月 31 日現在までで国及び地方公共団体等において通算 740 件の事業が実施されてきたことから，PFI はわが国において事業方式としてある程度定着してきたということができる．

　しかし，その一方で，建物事業が中心でインフラ事業の実施は僅かにすぎないことと，地方公共団体のうち 85％もの団体において実施経験が無い（内閣府調べ[2]，2018 年 3 月 31 日現在）等の課題が指摘されている．

1.2　VFM と本書の目的

　PFI 導入の目的は必要な公共サービスを「同じサービスレベルならより財政

支出を少なく」，「同じ財政支出ならより良いサービス」を提供することである．前者は効果的，後者は効率的な規準であるが，これらをまとめて VFM（Value for Money）と呼ばれる．「value for money」自体は一般の用語であり，いわば「お買い得」とでも訳す内容であるが，従来型を含め複数の事業方式の候補がある時の選択基準として使われる用語である．

内閣府 Web サイトにある「PFI 事業導入の手引き[3]」によれば，「VFM は PFI 事業における最も重要な概念の一つで，支払い（Money）に対して最も価値の高いサービス（Value）を供給するという考え方のことです．従来の方式と比べて PFI の方が総事業費をどれだけ削減できるかを示す割合です．」と説明されている．

また，内閣府の「VFM（Value For Money）に関するガイドライン[4]（以下 VFM ガイドライン）」では最初に「『VFM』（Value For Money）とは，一般に，『支払に対して最も価値の高いサービスを供給する』という考え方である．同一の目的を有する 2 つの事業を比較する場合，支払に対して価値の高いサービスを供給する方を他に対し『VFM がある』といい，残りの一方を他に対し『VFM がない』という」と定義されている．

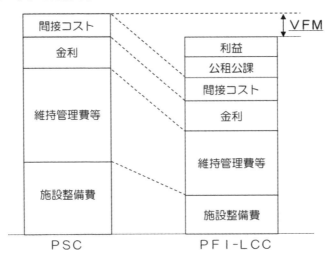

図 1-1　VFM の概念図

出典：内閣府民間資金等活用事業推進室：地方公共団体向けサービス購入型 PFI 事業実施手続き簡易化マニュアル[5]

　そのため，VFM はまず計測することが必要である．実務上多くの場合，事業目的である公共サービスに関する要求水準を設定し，その提供に要する財政支出額を従来型事業方式の場合（PSC：Public Sector Comparator）と PFI 事業方式の場合（PFI-LCC）との場合で比較し，その差分が VFM として推計される．その基本的な概念図を内閣府の資料[5]から図 1-1 に示す．厳密には両者を同等の条件（イコールフッティング）において比較する必要があるが，詳細については 2.4 で説明する．

　一方，VFM ガイドラインには「VFM は単に計算すればよいというものではなく，事業の企画，特定事業 評価，事業者選定の各段階において，事業のスキームについて検討を深めつつ，改善を図るべきものである．その際には，各段階の状況を適切に反映させつつ段階的に評価を試みることが必要である．」との記述がある．また，英国の旧 Highways Agency の Value for Money Manual[6]には，マニュアルの目的は「事業期間における最小の費用で要求水準を達成すること（Achieving the required quality at the lowest whole life cost）」と記され，そのためにリスク分析やバリューエンジニアリングに関する手順が解説されている．この 2 つの記述は，VFM は測ることはあくまでも手段であり本来の目的はそれを高めることであることを示している．

　先に記した，大多数の地方公共団体でいまだ導入が進まない，また，インフラ事業での実績がほとんどない等の課題の背景は多様であるが，PFI の効果である VFM に対する一連の理解が十分に得られていないことも理由の一つと考えられる．

　そこで，本書の目的は公共サービスを提供する事業における効率性及び効果を表す指標としての VFM の測定方法だけではなく，それを高めるための一連のマネジメントについて改めて検討して提示することにより，インフラ分野をはじめ PFI が適切な事業へのその導入を推進することである．

1.3　PFI の分類

　PFI の事業方式の分類方法は多様であるが，基本的なものとしては「民間事業者への支払い原資による分類」と「施設の所有形態による分類」が挙げられる．なお，後に述べる PPP/PFI 推進アクションプランにおいては，広く PPP 事業を含めて事業対象と方式に基づいた 4 類型が用いられている．

1.3.1　民間事業者への支払い原資による分類

　民間事業者への支払い原資による分類では，一般には以下の 3 分類が用いられる．

a)　サービス購入型

　サービス購入型は既に説明したように本書の主要な対象であり，民間事業者が利用者に提供する公共サービスの対価を，公共部門が利用者に代わって税財源から支払う事業方式である．公共からの支払いはサービス購入料と呼ばれる．PFI の典型的なタイプで，学校，病院，刑務所，一般道路等，利用者から料金を徴収しない事業に適用される．

b)　独立採算型

　民間事業者が施設利用者から直接利用料を徴収し，事業を実施する手法であり，料金収入で総事業費を賄える事業において成立する．世界的には多くの国で有料道路等において採用されている．わが国のコンセッション事業はこの範疇に入るものである．

c)　混合型

　民間事業者が料金収入だけでは独立採算での実施が困難な場合で，公共が公的財源を原資にサービス購入料あるいは出資金や補助金等として事業に繰り入れる事業である．公的財源への依存は直接の利用者以外への外部経済効果[注1]の範囲内で設定されるのが原則であり，混合型コンセッション事業はこの範疇に入る．

1.3.2　サービス購入料の設定方法による分類

　サービス購入料の設定方式には主に以下の 3 方式がある．なお，これらの設定に際しては，施設整備費と維持・管理費をまとめて単一（unitary payment）のサービス購入料を設定する場合と，施設整備費と運営・維持管理費を分離してそれぞれに対して設定する場合等のバリエーションが存在する．ここでは，説明をわかりやすくするため，英国において実施されてきた，利用者からは料金を徴収しない道路事業を例に説明する．英国では高速道路や幹線道路の一部を設計，建設，資金調達及び運営を一括して PFI 事業で実施してきており，DBFO（Design-Build-Finance-Operate）道路と呼ばれる．そのサービス購入料の設定方法は基本的には unitary payment であるが，以下のように変化してきている[7]．

a) シャドー・トール（Shadow Toll）

　　まず，当初採用された方式としてシャドー・トール（Shadow Toll）がある．これは，交通量1台あたりに仮想的な料金を設定し，公共が実績交通量に相当する料金をサービス購入料として事業者に支払う方式である．

b) アベイラビリティ・ペイメント（Availability Payment）

　　DBFO 道路においてシャドー・トールの次に採用された方式としてアベイラビリティ・ペイメント（Availability Payment）と呼ばれる方式がある．これは，道路が利用可能な状況で供用されていることに対する対価としてサービス購入料を設定するもので，交通量に依存しない方式である．利用可能でない場合，例えば，事故や補修工事などによって車線閉鎖等が生じたときはそれに対してはペナルティを科す，すなわちサービス購入料を減額するものである．ペナルティの設定方法を工夫することにより，事業者に対してインセンティブを持たせる機能がある．わが国のサービス購入型事業において多く採用されている．また，1.6.2.2 で説明する PPP/PFI アクションプランの令和元年における改定では改めてその活用に関して取り上げられている．

c) アクティブ・マネジメント・ペイメント（Active Management Payment）

　　DBFO 道路でより事業者にインセンティブを働かそうという目的で設定されたのが，アクティブ・マネジメント・ペイメント（Active Management Payment）方式である．この方式では，平均速度や安全性等を評価指標として，民間事業者のパフォーマンスに従ってサービス購入料を決定する．基本的な考え方としては理にかなってはいるが，評価指標の設定が必ずしも容易ではないため，適用事例は多くはない．また，事前に設定される総支払額に関する予算制約上の課題もある．

1.3.3　施設の所有形態による分類

　　施設の所有形態による類型では代表的なものとしては，BOT，BTO が最も良く用いられる．これらは民間事業者が建設した施設の所有権を公共へ移管する時期の違いを示している．

a) BOT（Build-Operate-Transfer）

　　民間事業者が施設を建設（B）した後，事業期間にわたり保有した上で運営（O）し，事業期間終了時にその所有権を公共に移管する（T）事業方式で

ある．

b)　BTO（Build-Transfer-Operate）

　　民間事業者が施設を建設（B）した直後に所有権を公共に移管（T）し，その施設を使って事業期間終了まで運営（O）を行う事業方式である．

　なお，PPP/PFI 分野では事業方式をアルファベットの略称で表記することが多い．その際以下の記号を組み合わせて表現するのが一般的である．

　　D：設計（Design）

　　B：建設（Build）

　　O：運営（Operate）

　　M：維持管理（Maintain）

　　F：資金調達（Finance）

　　R：修繕（Rehabilitate）

　　O：所有（Own）

　　T：施設所有権の移管（Transfer）（民間所有から公共所有への移管）

　例えば，英国における一般道路の PFI 事業は先にも記したとおり DBFO と表現される．最近の米国における P3（PPP）道路は有料道路の場合もサービス購入型の場合も DBFOM（Design-Build-Finance-Operate-Maintain）と表示されている．

1.3.4　PPP/PFI 推進アクションプランにおける類型

　PPP/PFI 推進アクションプランでは，PPP/PFI の各手法を以下の 4 類型に分類している [8]．各類型の枠組みを図 1-2 に示す [9]．

a)　類型 I：コンセッション事業

　　公共施設等運営権制度を活用した PFI 事業．公共施設等運営権制度（コンセッション）は PFI 法により規定されているため PFI に含まれる．

b)　類型 II：収益型事業

　　公共施設等の整備等に係る利用料金収入や附帯する事業収入が存在する PPP/PFI 事業．混合型 PFI 等の他に，利用料金制による指定管理者制度等を含む．

各類型のスキーム図 （※以下は、各類型の一例）

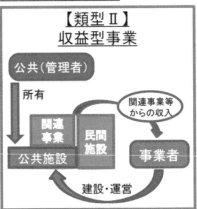

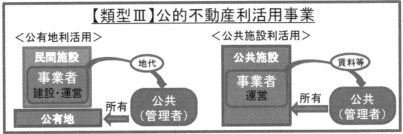

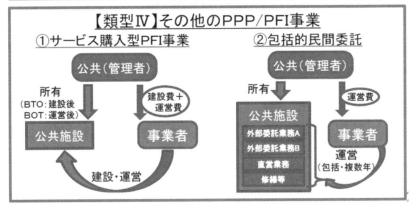

図 1-2　PPP/PFI アクションプランにおける事業類型

出典：内閣府民間資金等活用事業推進室：PPP/PFI 推進アクションプラン（平成 28 年 5 月）参考資料[8]

c)　類型Ⅲ：公的不動産利活用事業

　　公的不動産の利活用を行う PPP 事業．PFI 法には基づかない，定期借地権
　　方式等の公有地活用事業．

d)　類型Ⅳ：その他の PPP/PFI 事業

　　サービス購入型 PFI 事業と事業収入がない包括的民間委託等．利用料金制
　　によらない指定管理者制度等の事業収入のない PPP/PFI 事業．

　また，これらの類型ごとに目標値が設定されており，内閣府が実施する毎
年の同アクションプランの改定ではこの事業類型ごとの実績を確認し，PDCA
（Plan-Do-Check-Action）サイクルを回している．

1.4　国際的に見た PPP/PFI 導入の経緯と現状

1.4.1　概観

　広く PPP という視点で捉えれば，古くはフランスの民間投資者が過半の出資
をしたスエズ運河株式会社にはじまり，ボスポラス海峡橋，シドニーハーバー
トンネル，フランスのミョー橋などに至るまで，通行料を徴収する事業が PPP
事業として進められてきた．また，欧州や中南米を中心に国際的には多くの有
料道路の PPP 事業が展開されている．これらのほとんどは，民間事業者が交通
施設等を建設（B）そして運営（O）を行い事業期間の終了時に公共に資産を移
管（T）する BOT と総称される事業方式である．世界銀行のインフラ事業への
民間参加（PPI: Private Participation in Infrastructure）に関するレポート（2017 年
版）[10]によると 2017 年におけるプロジェクトは 304 件で総額は 933 億ドルとの
ことである．リーマンショックで大きく落ち込んだ後，2016 年から回復基調で
あることが報告されている．

1.4.2　英国

　英国における一連の行財政改革の中で 1992 年に生まれた公共サービス調達
のための手法の一つが PFI である．当時の英国は EU 参加のために財政健全化
が喫緊の課題であり，小さな政府を目指して国営事業の民営化等を進めていた．
その中で，民営化ができない事業，例えば一般道路をはじめとする料金徴収が
できない事業に対して考案された事業手法である．

　英国では PFI 導入当初の案件を除き，現在ではほとんどの場合 PFI といえば
サービス購入型を示す．英国 PFI は保守党政権下の 1992 年に導入され，その後

労働党政権の下で拡大し，これまでに 700 件以上，民間の投資総額約 550 億ポンドもの事業が実施されてきた．その間，PFI に対しての批判もあったが，基本的には民間資金の活用の利点が評価され推進されてきた．しかし，2010 年の保守党連立政権への交代以来，新政権の政策目標にそぐわないこともあって，英国では PFI への批判が噴出した．それを受けて 2012 年末に Private Finance 2（PF2）と称した PFI 改善案が英国財務省から提示された[11]．その後，2018 年 10 月末に英国財務相が PFI/PF2 の廃止を公表し，英国内外に波紋が広がった．

英国の PFI のほとんどはサービス購入型事業である．わが国においてもそれが主流であり，本書の主な対象でもあることから，その経緯とわが国の PFI 事業の関わりについて以下に記すこととする．

英国での PFI 批判の理由は，何よりも多くの事業で当初想定した目標が達成できなくなったことである．政権交代時に指摘された批判的な項目は以下の通りである．まず，民間資金と公債の金利差が特にリーマンショック後は 4%程度と大きくなり，結果的に PFI で実施したことにより財政支出が高まった事業がある．それに加えて，建設や設計等にも PFI での工夫が見られない．民間事業者と対比しての公共側の調達技術が未熟であり当初の目的が達成されていない．さらに，PFI 株主の大多数が租税回避を行っている．さらに，多くの事業を実施したことにより，債務の総額が嵩んだことも大きな理由の一つである．

これを受けて実施した調査研究[12]によると，わが国の PFI 事業においてはこれらの批判項目に該当する事例はほとんどなく，大勢においては多くの案件では十分に高い評価を得てきていることが示されている．また，内閣府等の他の調査でも，1.5.2，1.5.3 に述べるように PFI 事業は十分に VFM を確保してきたことが報告されている．

1.4.3 米国

初期の米国における近代的道路は民間の有料道路で，1790 年代西部開拓とともに発展し，数多くのターンパイク（有料道路）会社が設立された．その後，連邦政府や，各州政府も道路予算を拡大し，政府自らが道路局を設置して道路建設を進めたことから，民間道路整備はほとんどなくなった．しかし，1980 年代後半になって，連邦及び各州の道路予算が不足する一方，より効率的な交通インフラの実現が急がれ，新たな資金需要より，1987 年「陸上交通援助及び移転補償に関する法律」（Transportation and Uniform Relocation

Assistant Act of 1987）を成立させ，有料道路制度に関する規制を緩和するととも に連邦補助の有料道路パイロットプロジェクトを認めた．1990 年連邦道路局は SEP-14(Special Experimental Project 14)でデザインビルト方式が導入され，1991 年には ISTEA(Intermodal Surface Transportation Efficiency Act: 総合陸上交通効率化法)が発効し連邦道路以外の有料道路に対しても連邦政府の支援が入るようになった．また，州政府毎の制度に基づき民間企業が有料道路を所有することが出来るようになり，各州政府は民間企業との共同プロジェクトで連邦ローンを借りられるようになった．2004 年末のシカゴスカイウェイ（イリノイ州）や，2005 年中旬のダレス・グリーンウェイ（バージニア州）が，オーストラリア資本を含むコンソーシアムに売却される等を契機に，2000 年代に厳しい財政状況と社会資本の老朽化なども背景に，本格的な米国道路 P3（PPP）事業が注目を集めるようになった [13]．

　近年，米国において道路 P3（PPP）事業として既に供用している多くは 1.3.3 でも記したように DBFOM（Design-Build-Finance-Operate-Maintain）事業となっているが，個別通行料収受形態は無料と有料の事業契約方式がある．前者は 1.3.2 に述べたアベイラビリティ・ペイメントによるサービス購入型であり，後者は事業者が施設の利用者からの利用料金に基づく独立採算型である．近年は，前者の事業破綻が相次いだこともあり，通行料金徴収による独立採算型が減って，前者のサービス購入型が増えてきている．米国運輸省連邦道路管理局 [14] によると，前者のアベイラビリティ・ペイメント方式事業として，フロリダ州オーランドの I－4 Ultimate 高速道路（事業期間 40 年間　費用 2,877 百万米ドル，2015 年着工済み 2021 年供用開始予定）など 17 件，後者に含まれる有料方式も 16 件が紹介されている．また，2018 年～2019 年の状況は，運営維持管理段階に至っていない事業でも，資金面に目途が付くなどして，建設着工に進捗した事業も見られる．その上，個々のプロジェクト規模は数百万米ドルから数十億米ドル規模の大型プロジェクトであって 40 件以上が進行中であるとの報告もあり活況さがうかがわれる．

1.5 PFI/PPP のわが国での実績

1.5.1 PPP/PFI の事業件数と事業規模

1999 年の PFI 法制定から 20 年が経過し，わが国でも多くの実績が積みあがってきている．内閣府集計（実施方針件数）[1],[2] では，1999 年度当初 3 件であったものは，2018 年度までの累計では 740 件，契約金額 6 兆 2,361 億円と順調に拡大傾向にある．

単年度の事業数推移（実施方針件数）では導入当初の数年は拡大を示し 2008 年までは毎年約 40 件以上実施され，その後 2010 年で一時 17 件と落ち込むが，その後も拡大傾向で 2018 年度では，73 件であった．また，事業種別も多様性を見せ 2018 年度では，文教施設 25 件，公営住宅 21 件を中心に，公園 6 件，給食センター等 4 件，庁舎 3 件，斎場火葬場 2 件，類型 I コンセッションでは，空港 2 件，大学院大学宿舎，駅舎，美術館，水力発電所，複合施設がそれぞれ各 1 件となっている．

直近の 2013 年〜2017 年度契約締結状況からは，類型 I 〜IVの内，類型 I コンセッションを除く，類型 II 〜IVの 5 年間事業規模は，類型 II，で 97 件 325 百億円，類型III，で 224 件 200 百億円，類型IV，で 165 件 283 百億円の合計 486 件 808 百億円の規模である．そのうち，類型IV中の PFI サービス購入型等のみの 92 件 42 百億円の割合は，件数割合約 19%，金額割合約 5% を占める．

また，特定非営利活動法人日本 PFI・PPP 協会による 2001 年 3 月から 2019 年 9 月末までの件数集計では，全体 837 件の内，サービス購入型 713 件 85.2% 独立採算型 58 件 6.9%，混合型 46 件 5.5%　その他 20 件 2.4% とサービス購入型が大勢を占めている．

1.5.2 財政支出削減効果

我が国における PFI の評価に関しては各種調査から示される．例えば，わが国の PFI 事業の実績に関しては，内閣府の「PPP/PFI 手法導入優先的検討規程運用の手引き」参考資料[15] にまとめられている．その一部を図 1-3 に示す．この図で，特定事業選定時とは当該事業を PFI で実施すると政策決定した時点を指し，事業者選定時とはその後，事業者が選定された段階でその入札額が決定した時点を示す．

この資料によると，これまでの事業実績では，設計，建設，維持管理，運営の各段階において，平均ではあるが，10% 以上の財政出の削減が実現している．

その中でも建設段階における節約率が高いことが示されている.

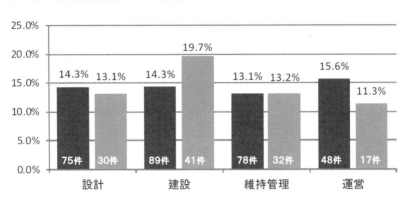

図 1-3　PFI 事業における費用の削減率
出典：内閣府民間資金等活用事業推進室：PPP/PFI 手法導入優先的検討規程運用の手引（参考資料）[15]

1.5.3　財政支出削減以外の効果

　内閣府の「平成 30 年 12 月の期間満了 PFI 事業に関するアンケート調査」での PFI 導入時点における期待と期間満了時点における評価結果は以下の通りである．PFI 手法導入時点においては，財政負担（事業費総額）縮減に対する期待が最も大きく，また，サービス水準の向上をはじめ，その他の事項についても少なからず効果が期待されている．それに対して，期間満了時点では，導入時点に期待されていた効果はおおむね発揮されたとの評価であったとしている．また，多数の事業で，PFI 手法について「効果があった」との回答があることからも，直接的な財政負担面への効果を始め，地域経済の活性化，公共側の事務負担軽減等の間接的効果等への効果がうかがわれる [16].

表 1-1　PFI 手法について「効果があった」と回答した理由・具体的内容

具体的項目	PFI手法について「効果があった」と回答した理由・具体的内容
財政負担（事業費総額）の軽減	落札者決定時VFM等に基づくと、期間中の財政負担が軽減されている。（多数の事業）
財政負担の平準化	従来手法であれば建設時・大規模修繕時等の特定時期に財政負担が集中するが、PFI手法により平準化が可能であった。（多数の事業）
公共側の事務負担軽減	従来手法であれば、年度毎あるいは修繕等の対象毎に発注を行う必要があったが、PFI手法ではそれが必要なくなった。（多数の事業）
利用者増加	民間事業者の営業ノウハウを活用することができた（多数の事業）想定以上の利用者が見られた（多数の事業）
サービス水準の向上	施設整備の維持管理水準が高い。（多数の事業）附帯事業が実施され、サービスが拡大した。（多数の事業）同時期に整備した施設と比較して、クレームが少なかった。（独法・国立大学法人等・大学施設）
地域経済の活性化	SPCへの地元事業者の参画がはかられた。（多数の事業）事業者による地元雇用、地域活動が積極的に行われた。（多数の事業）

出典：内閣府民間資金等活用事業推進委員会計画部会：PPP/PFI 推進アクションプラン前半期レビュー，2019 年 2 月，p. 41「期間満了事業における PFI 手法の評価②」[16] より筆者作成

　図 1-4 に，設計，建設，運営，維持管理の各段階別の評価に関するアンケート調査結果を示す．このアンケート調査は特定非営利活動法人日本 PFI・PPP 協会から 173 の地方公共団体に配付され，そのうち，48 団体，63 事業に関しての回答に基づいている [12]．この図を見ると，各段階で「顕著な工夫がある」，「ある程度工夫がある」という意見を合計するとそれぞれ 90％前後となり，財政支出削減以外にも顕著な効果があることが示されている．各項目の具体例では，設計段階での工夫では，各施設の合理的なゾーニングや施設の自動化，建設段階では自然換気の多用とエコガラスの導入，運営段階では地元産の食材活用のほかイベント開催や他施設との連携等による集客の工夫，維持管理段階では長期修繕計画による建物保守管理業務の効率化などがあげられる．

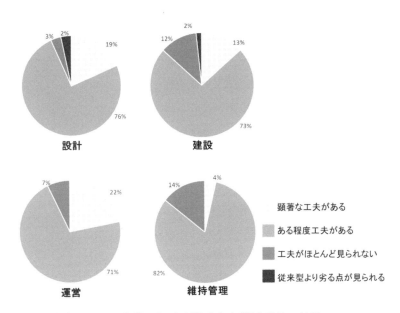

図 1-4　PFI 事業における財政支出削減以外の効果

出典：坪井薫正，宮本和明，森地茂：英国での改革の論点を踏まえてのわが国における PFI の実態分析，会計検査研究，No.53，2016.[12]

1.6　公共施設等に関わる課題と PPP/PFI 関連施策

1.6.1　公共施設等に関わる課題

1.6.1.1　既存施設の老朽化

国土交通省によるインフラメンテナンス情報 [17][18] では，社会資本の老朽化の現状と将来で，高度成長以降に整備された道路橋，トンネル，河川，下水道，港湾等が，建設後 50 年以上を経過する施設割合が今後 20 年で加速度的に高くなるとしている．建設後 50 年以上経過する社会資本の割合を具体的に公表しており，中でも道路橋（橋長 2m 以上）約 73 万橋の割合が，2018 年度末には約 25％，2023 年度末では約 39％，2033 年度末に至っては約 63％と推計している．

また，同省は省内所管分野における社会資本の将来の維持管理・更新費用の推計値 [19] を示し，2018 年度，約 5.2 兆円，2048 年度（約 30 年後），約 5.9〜6.5 兆円と，2018 年度から約 1.3 倍規模になるとしている．なお，2018 年度の推計値は，実績値ではなく，今回実施した推計と同様の条件の下に算出した推計値

である．

1.6.1.2　PPP/PFI 推進の背景 [20]

　既存施設の老朽化等の財政問題は，上述の老朽化インフラのみではなく，公共施設も同様の懸念が発生することが予想される．公共施設等の老朽化，厳しい財政状況，人口減少という我が国の現状を踏まえ，今後の適切な公共のサービス維持のためには，公共施設等の建替え，改修，修繕や運営に係るコストの効率化，広域管理，施設集約化等が必要とされるが，財政制約からもすべてを充足するにはなかなか難しい状況である．

　内閣府では PPP/PFI 事業は「財政負担の軽減」「良好なサービス維持・提供」「民間の事業機会の創出」などの「三方よし」の制度であるため，これらの問題の解決の手段として取り組みを進めるとしている．具体的には，庁舎や公営住宅，学校，上下水道等の整備等にあたって従来型の分割発注ではなく，民間事業者に提案競争させ，資金調達を含めた，設計から運営まで一括発注する PFI 制度（サービス購入型事例），公共施設が利用者から収入を得られるものである場合に公共の負担が少なくなる可能性がある（収益型事例）や，民間事業者に公共施設等の整備や運営のみではなく，収益施設を併設させて公共負担を軽減する事例（収益施設併設型事例）を活用するとしている．

　なお，PPP/PFI の推進対象はこれらの事例に留まらず，その全体に関しては1.6.2.2 に述べる PPP/PFI 推進アクションプランに記述されている．

1.6.2　関連施策

1.6.2.1　政府施策の概要

　PPP/PFI 関連では内閣府を中心に国土交通省をはじめ関係各省庁が連携して各種の施策を立案，実施している．このうちの主な施策に関しては次項目以降に説明するが，それ以外のものとしては，2019 年 8 月現在，以下の項目が挙げられる．

- ・　事業調査費補助事業：地方公共団体に対し，政策目的に合った事業導入に係る検討に要する調査委託費の助成．
- ・　PPP/PFI 地域プラットフォーム支援：地域における PPP/PFI 案件の形成能力の向上を図るため，行政，金融機関，企業等の関係者が集い，ノウハウの習得や情報の交換等を容易にする場（地域プラットフォーム）の形成や運営を支援．

・　その他の PPP/PFI 推進に資する支援措置：後に記す優先的検討規程の運用や民間提案制度等の支援，専門家派遣，そして，PPP/PFI 事業の実務に関する質問等にワンストップで対応する窓口の開設.

1.6.2.2　PPP/PFI 推進アクションプラン

　わが国の PPP/PFI に関わる時宜に沿った基本的方針として PPP/PFI 推進アクションプランがある．これは 2013 年に「PPP/PFI の抜本改革に向けたアクションプラン」として主にコンセッション事業を推進する趣旨で策定され，2022 年までの 10 年間の事業目標を 10 兆円から 12 兆円と設定された．2016 年には，事業目標の測定対象を変更して目標値も 21 兆円とした上で，大幅な改訂が行われ，インフラに関わる記述も明記された．その後，毎年改訂されているが，インフラに関わる次の記述はそのままである．それはサービス購入型 PFI 事業に関して，「ハコモノ中心のこれまでの活用から，インフラ分野の新設はもとより，道路等個別施設の維持管理・修繕・更新等へと活用の裾野を拡大することが重要」と記されていることである．サービス購入型 PFI 事業には，これまでの豊富な実績から得られてきた知見の蓄積がある．その蓄積に基づいて確立されてきた事業方式を最大限に活用することにより，インフラを含めて，新設に限らず既存施設の維持管理，更新などの老朽化対策などに対しても，利用者から料金が徴収できない事業に対して積極的に推進していくことが提示されている．

　PPP/PFI 推進アクションプランの 2019 年改定版 [21] の概要を図 1-5 に示す．この改定において特記すべきこととして，概要の「その他」欄に追記された「キャッシュフローを生み出しにくいインフラに対しての導入支援/検討」である．本文では，以下のように記述されている．「インフラの老朽化に加え地方公共団体職員が不足する中，必要な人材を確保し，効率的且つ良好な公共サービスを実現するため，キャッシュフローを生み出しにくいインフラについても積極的に PPP/PFI を導入していく必要がある．このため，キャッシュフローを生み出しにくいインフラに対して PPP/PFI の利用が進まない理由，効果的な普及策等を検討するとともに，各種支援制度を活用して導入を支援する．また，成果に応じて委託費を変動させる仕組みについて海外事例の調査を行い，導入について検討を行う．（令和元年度から）<内閣府，関係省庁>」とある．

　これはまさしく本書が主な対象としているサービス購入型 PFI によるインフ

ラ事業を意味している．その中では，先に記したサービス購入料をアベイラビリティ・ペイメントで決定することにより，事業者のインセンティブを高める事業形成を意図している．

図1-5　PPP/PFI 推進アクションプラン（令和元年改定版）概要
出典：内閣府民間資金等活用事業推進室（PPP/PFI 推進室）[21]

1.6.2.3　優先的検討指針

　2015 年末には，「多様な PPP/PFI 手法導入を優先的に検討するための指針」（以下，優先的検討指針）が各省庁及び地方公共団体に通知されている．当初は省庁及び人口 20 万人以上の地方公共団体に対して，「事業費の総額が 10 億円以上あるいは単年度の事業費が 1 億円以上の公共施設整備事業に関しては PPP/PFI 手法導入の優先的検討の対象とする」規定の策定が要請された．しかし，既に該当するほぼすべての地方公共団体が策定済みあるいは策定することを決定済みであることから，現在はそれ以下の中小地方公共団体への浸透が図

られている．この規定によると事業費総額が 10 億円以上の事業は優先的検討の対象となる．

　以上のアクションプランと優先的検討指針の方向性から，今後は PPP/PFI のインフラ分野への導入がより促進されることが期待できる状況にあるといえよう．

1.6.2.4　公共施設等総合管理計画

　先に述べたようにわが国の公共施設等の老朽化対策が大きな課題となっていることに加え，厳しい財政状況や今後の人口減少等により公共施設等の利用需要が変化していくこと等を背景に，ほとんどの地方公共団体において公共施設等総合管理計画が策定されている．この計画では公共施設等の全体の状況を把握し，且つその更新・統廃合・長寿命化などが示されている．そして，同計画のほとんどすべてにおいては「PPP/PFI の積極的な活用」が言及されているが，その一方で具体的な記述に乏しいのが現状である．今後はその具体化を進めることに加えて，地域性が高い近隣の団体が一体的に施設の統廃合計画を策定することも必要と考えられる．

1.7　VFM ドライバー

　VFM の源泉としては，第 3 章で述べるように，①性能発注，②複数年契約，③一括発注，④包括契約，⑤競争的緊張環境，⑥リスク対応，⑦モニタリングの 7 つに整理できる．各項目に関して本書の目的である VFM を高めるマネジメントを検討することが必要である．これらの 7 項目は発注制度，競争原理，リスク対応行動の視点で見ることができる．

　まずは，①性能発注，②複数年契約，③一括発注，④包括契約の 4 項目は発注制度に関わるものであり，従来型の公共事業方式の発注と異なり，民間の創意工夫を生む余地を高める役割を果たす．

　次に，⑤競争的緊張環境はまさに競争原理が働く環境である．一般に PFI 事業への入札では価格と事業内容の提案が一式となる．事業者グループは受注を目指し，技術力やさまざまな工夫を駆使して総合評価における競争に打ち勝つ努力をすることにより，入札価格の低減やサービス内容の向上が図られることとなる．

　さらに，リスク対応行動に関わる項目は⑥リスク対応，⑦モニタリングであ

る．リスク対応行動は追加支出の可能性（期待値）を下げることであるが，民間事業者のノウハウだけではなく，公共側のモニタリングによる牽制効果もVFM を高める上では重要な役割を果たす．

　以上掲げた 7 つの項目と 3 つの視点に基づいて，VFM を高めるマネジメントのあり方を本書では VFM ドライバーと呼んでいる．詳しくは第 3 章で展開する．

注

1. 外部経済効果：インフラがもたらす効果はそれを直接使う人だけではなく，その地域の住人や工場，商店等にももたらされる．直接利用者以外の受益者からは料金が徴収できないため，その効果は外部経済効果と呼ばれる．

参考文献

1) 内閣府民間資金等活用事業推進室：PFI 事業の実施状況/事業数・契約金額の推移（累計），2019.

2) 内閣府民間資金等活用事業推進委員会計画部会：PPP/PFI 推進アクションプラン　前半期レビュー，2019.

3) 内閣府民間資金等活用事業推進室：PFI 事業導入の手引き．
 < https://www8.cao.go.jp/pfi/pfi_jouhou/tebiki/tebiki_index.html>

4) 内閣府民間資金等活用事業推進室：VFM（Value For Money）に関するガイドライン，2018.

5) 内閣府民間資金等活用事業推進室：地方公共団体向けサービス購入型PFI 事業実施手続き簡易化マニュアル，2014.

6) UK Highways Agency: Value for Money Manual, 1996.

7) Robert Bain: The Evolution of DBFO Payment Mechanisms: One More for the Road?, Global Credit Portal, Standard & Poor's, 2003.

8) 民間資金等活用事業推進委員会：事業規模目標見直しプロジェクトチーム報告，2016.

9) 内閣府民間資金等活用事業推進室：PPP/PFI 推進アクションプラン資料民間資金等活用事業推進会議決定，平成 28 年 5 月 18 日参考資料.

10) The World Bank: 2017 Private Participation in Infrastructure (PPI) ANNUAL

REPORT, 2018.

    <http://documents.worldbank.org/curated/en/658451524561003915/pdf/125640-AR-PPI-2017-AnnualReport-PUBLIC.pdf>

11)　HM Treasury: Private Finance 2 (PF2), 2012.

    <https://www.gov.uk/government/publications/private-finance-2-pf2>

12)　坪井薫正，宮本和明，森地茂：英国での改革の論点を踏まえてのわが国における PFI の実態分析，会計検査研究，No.53，2016.

13)　土木学会建設マネジメント委員会 PFI 研究小委員会インフラ PFI/PPP 事業国際動向調査部会：インフラ PFI/PPP 事業国際動向調査報告書，2006.

14)　Federal Highway Administration：Center for innovative Finance support HP.

    <https://www.fhwa.dot.gov/ipd/p3/toolkit/fact_sheets/general.aspx>

15)　内閣府民間資金等活用事業推進室：PPP/PFI 手法導入優先的検討規程運用の手引（参考資料），2017.

16)　内閣府民間資金等活用事業推進委員会計画部会：PPP/PFI 推進アクションプラン前半期レビュー，期間満了事業における PFI 手法の評価，2019.

17)　国土交通省：インフラメンテナンス情報社会資本の老朽化の現状と将来，2019.

    <http://www.mlit.go.jp/sogoseisaku/maintenance/02research/02_01.html>

18)　国土交通省：橋梁の現状（道路局調べ 2014 年 12 月時点）.

    <http://www.mlit.go.jp/sogoseisaku/maintenance/_pdf/research01_pdf01.pdf>

19)　国土交通省：所管分野における社会資本の将来の維持管理・更新費の推計，2018.

20)　内閣府民間資金等活用事業推進室：PPP/PFI の概要，2018.

21)　内閣府民間資金等活用事業推進室：PPP/PFI 推進アクションプラン（令和元年改定版），2019.

2. VFM の従来の考え方と計測方法

2.1 内閣府 VFM ガイドライン等に基づく VFM 評価

> 我が国の PPP/PFI は，英国で発展した PFI の導入により法制度化された．内閣府の VFM ガイドライン[1] も，このような経緯から，英国同様，サービス購入型を前提としている．
>
> VFM ガイドラインでは，VFM は民間に委託するのが適切かどうかを判断する基準であり，公共が実施する場合（PSC）と，民間が実施する場合（PFI-LCC）を比較し，後者が小さければ適切とするのが基本的な考え方であることが示されている．

2.1.1 はじめに

VFM（Value for Money）というと，海外から持ちこまれた概念で，わかりにくくとっつきにくいと思われるかもしれない．しかしながら，VFM という考え方は，元々，とてもシンプルで当たり前のことである．

PPP/PFI[注1] は，納税者が納めた税金で公共が整備運営をし，何か起こった際の責任は最終的には公共が責任を負うといういわば公共財について，自らの利益を追求する民間に委託をする（PPP/PFI を実施する）ものである．納税者にとってメリットがなければ民間に委託すべきでないのは明らかであろう．この PPP/PFI を実施すべきかどうかを判断する際の基準として，英国で考え出されたのが，納税者が納めた税金（Money）に見合った価値（Value）を創出しているかどうかという VFM の考え方である．このような趣旨を踏まえ，以下で説明する内閣府ガイドラインも，VFM のそもそもの趣旨から説き起こしている．

2.1.2 VFM 概念誕生の経緯

PPP/PFI は，1980 年代初頭から，財政的に破綻寸前であった中南米諸国を中心として，特にコンセッションの手法により広まっていった．その後，我が国で，現在サービス購入型と呼ばれる手法，英国で後に PFI と呼ばれるようになるアベイラビリティペーメント（Availability Payment）の手法も次第に活用されるようになる．しかしながら，PPP/PFI を実施すべきかどうかの判断を行う際に VFM の考え方が適用されるようになるのは，英国で PFI と呼ばれる PPP/PFI

の手法が導入された後である．

　PFI は，サッチャー政権下の英国で，民営化できるものはすべて民営化したうえで，民営化できないものについても民間に委託できないかという問題意識の下，導入されたものであった[注2,2),3)]．山内等[4)]によれば，「1990 年に政権についたメージャー首相は，1991 年に『シティズンズ・チャーター』を公表し，税金に対して最も価値のあるサービスを提供するという考え方（Value for Money）に基づき，従来公共部門が対応してきたサービスやプロジェクトの建設や運営を民間主体に委ね，政府はサービスの購入媒体になるという方向を示した．これを具体化したのが 1992 年 11 月にラモント大蔵大臣により示された PFI と呼ばれる考え方」であった．

　この VFM という考え方は，PFI に限らず，英国会計検査院（NAO）が会計検査の際に用いる一般的な基準である[注3]．英国では PFI 自体が廃止された現在も，VFM の基準は活用されている[注4]．現在，VFM 基準は，英国のみならず，オーストラリア，フランス等でも活用されており，グローバルな基準となっていると考えられる[注5]．

　我が国においては，財政再建が主要なアジェンダになった 1996 年に，財政制度審議会が英国の PFI を財政再建の取り組みの一つとして紹介して以降，財政再建の文脈で PFI の導入が政府により検討され，1999 年の PFI 法の制定に至っている[注6]．このように，我が国では英国の PFI をモデルにして PPP/PFI が導入されたのであり，VFM の考え方もこのような経緯で導入された．

2.1.3 VFM ガイドラインの概要

2.1.3.1　ガイドラインの性格，制定から現在に至る経緯

　内閣府 PFI 推進委員会が策定しているガイドラインは，国が事業を実施する際の指針であり，地方分権の考え方を踏まえ，地方公共団体を含め国以外の者が実施する際には参考に留まるものである．また，国が実施する際も，状況に応じて工夫を行い，本ガイドラインに示したもの以外の方法等によって事業を実施することを妨げないとしている．このように，PPP/PFI が民間等の創意工夫を前提にしていることから，ガイドラインは，基本的な考え方の提示に留め，むしろ事業の進展に伴い創出されたブレークスルーを取り入れ，適宜変更，発展させていくという考え方によっているといえる．VFM のガイドラインについては，PFI 推進委員会での審議を経て，平成 13 年 7 月に策定，平成 19 年 7 月，

平成 20 年 7 月に改定され，現在に至っている．

2.1.3.2　基本的な考え方

　2.1.2 で示したとおり，英国で PFI と呼称する手法は，我が国のサービス購入型に限られ，コンセッションは，全く別の手法として存在している．そもそも英国では，料金徴収型の PPP/PFI は，政治的な問題もあってか，一般的ではない．コンセッションについても，例えば空港の場合，コンセッション手法で実施されているのはルートン空港等 2 空港のみでその他は民営化されており[注 7]，サッチャー政権以降の経緯もあってか，コンセッション対象になりうるケースであれば，むしろ，民営化されるケースが多いようである．

　このような経緯もあり，英国の PFI 事業実施における VFM は，サービス購入型を前提としている．VFM のガイドラインもサービス購入型について，具体的な評価の考え方を示しており，その他の手法については，VFM の考え方が適用になり，その場合の適用のあり方について触れるに留めている．また，ガイドラインで示されている VFM 評価の考え方は，後述するように，あくまで公共の整備が前提となっている施設等について，PSC（Public Sector Comparator），PFI-LCC（LCC：Life Cycle Cost），それぞれの公的負担額を比較するものであって，付帯施設のようにそもそも公共が整備することを想定していないものを対象にするものではない．また，ガイドラインが示す VFM はあくまで効率性の基準であり，民間が実施すれば，どれくらい「コスト」が縮減できるかを見る指標である．従って付帯施設等によって得られる収益を VFM に算入することはできない．ガイドラインでは，この点を明示している[注 8]．

　ガイドラインに示されている基本的な考え方は，公共が自ら実施する場合のコスト（PSC）と PFI 事業として実施する場合（PFI-LCC）のコストとを比較し，同一の公共サービスの水準の場合，PFI-LCC< PSC であれば，VFM があると評価するというものである．VFM は，差額となる金額で表しても割合で示しても良いとされている．いずれにしても，PSC，PFI-LCC ともに，金銭価値で評価されるものであり，リスクといったファクターも金銭価値に換算することが必要となる．また，PSC と PFI-LCC は比較をするので，当然のことではあるが，同等の条件で評価する必要がある．ガイドラインでは，このような考え方を背景として，後述の 2.1.3.3 で示すように，民間であれば課税される法人税等や，民間が想定するリスクは（公共では算定しないが），PSC に算入することが必要

であるとしている．このように同等の条件で評価することを「イコールフッティング」と呼ぶこともある注9．なお，ここでの説明は，便宜的に「コスト」としているが，ガイドラインでは，現在価値としている．これは，例えばインフレ率が 0 であったとしても，現時点での 1 億円と 1 年後の 1 億円とでは価値が異なる（通常は，価値が低下する）という考え方を前提として，各年度の支出額を一定の割引率で割り引いたうえで合算したものの比較をするというものである．このような考え方は，民間が，長期にわたるプロジェクトを実施する際，その事業を評価する際には，一般的に適用される考え方であるとされる．

　後述する「VFM に関するガイドラインの一部改定及びその解説5)」（以下，解説）でも，このような考え方は，金融スワップや債券価格，株価の算出，M&A における企業価値の算出，不動産取引における不動産価格の算出等，金融実務でも他方面で用いられていることが示されている．

　さて，VFM は，2.1.1，2.1.2 で触れたとおり，公共が行う，または，行おうとしている個別の事業について，納税者の観点から，PPP/PFI で実施することが適切かどうかを判断する基準としてそもそも導入されたものである．公共が事業を実施するに至る意思決定のプロセスは，図 2-1 に示すとおりであり，事業の必要性（国交省事業の場合費用便益分析で行う）→優先順位→アフォーダビリティ（財政負担能力）の範囲内かどうかのステップを踏み，実施の決断を行った上で，従来型か PPP/PFI かといった調達手法の検討を行うことになる．VFM 評価は，最後の調達手法を検討する際の基準であり，ガイドラインは，このような意思決定プロセスでの VFM 評価の位置づけを明示している．

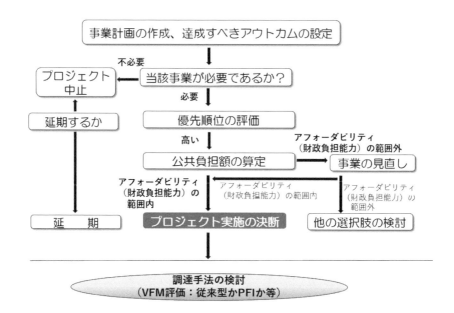

図 2-1　PFI 実施に至る公共の意思決定プロセス
出典：　内閣府/PFI アニュアルレポート平成 18 年度資料[6]を基に
　　　　筆者作成

　ガイドラインでは，このように PPP/PFI の意思決定プロセスにおける VFM
評価の位置づけを示すとともに，その後の事業者選定等の各段階において事業
のスキームについて検討を深めつつ，VFM 評価の改善を図るべきとされてい
る．後述する解説[5]では，運営段階における事後評価（ポストアプレイザル）
についても今後検討する価値はあるとしており，本書が意図するところとその
方向は一にしていると考えてよい．ガイドラインは，この他，その算定（ガイ
ドラインは「評価」としており，以下「評価」とする）の具体的手順，公表の
あり方についても示している．

　以下では，特に，2007 年の改定時に議論がなされた PSC の算定方法，PFI-
LCC の算定方法，割引率や，2008 年の改定時に議論がなされた透明性の確保，
そして，公共サイドの担当者には余りなじみがないと考えられるリスクの考え
方の 5 点について触れていくこととする．なお，透明性の確保については，2008
年 1 月に総務省による政策評価の結果を踏まえた議論がなされた．また，この

2 回の改定の内容について，ガイドラインを参考とする公共サイドの担当者に，より深く，わかりやすく改定の趣旨を理解していただこうという考えから，詳細な解説が　解説[5]として公表されている．以下では，解説[5]の内容についても適宜触れていく．

2.1.3.3　リスクについての考え方

公共が行う事業費の積算では，事業に伴うリスクは算定しないのが一般である．しかしながら，民間は事業に伴うリスクを想定し，それに伴う予備費を計上（保険の付保を含む）することが一般である．PSC は，PFI-LCC と比較するために算定されるものであり，2.1.3.2 で触れたとおり，公共が行う事業費の積算に加え，民間が想定するリスクを定量化して PSC に算入する．このようなリスクは，PPP/PFI 事業として行う場合，民間に移転されるリスクである．一方，リスク分担等に関するガイドラインに明示されているとおり，民間に移転されず公共に残るリスクもある．図 2-2 に示すように，民間に過度にリスクを負担させると民間はこれに見合う予備費を計上し，結果として VFM が小さくなる．PPP/PFI では，「リスクを最もよく管理することができる者が当該リスクを分担する」とされている由縁である．この原則は，リスク分担のガイドラインで明示されている．

このような公共に残るリスクについても算定して PSC に算入する必要があ

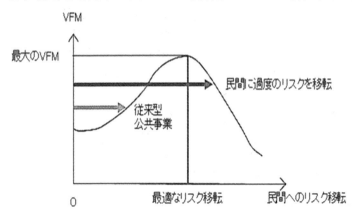

図 2-2　リスクの適切な分担
出典：内閣府 PFI アニュアルレポート平成 17 年度資料[7]を基に筆者作成

る．このようなリスクについては，PSC と比較されることになる PFI-LCC にも
参入される必要がある．この他，PSC には，本来民間であれば課税されるべき
法人税等について算入する必要があり，また，民間について何らかの PPP/PFI
優遇税制等があれば，その分は減ずる必要がある．オーストラリア・ヴィクト
リア州では，このような原則に忠実な VFM を評価するガイドラインを策定し
ている（図 2-3）．

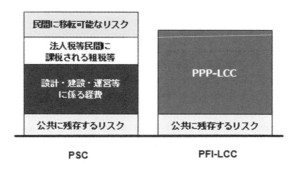

図 2-3　オーストラリア VFM 評価モデル
出典：Public Sector Comparator Technical Note（DTF, 2001）[8]を基に筆
者作成

2.1.3.4　PSC の評価方法

　ガイドラインでは，設計，建設，維持管理，運営の各段階で従来方式を想定
して，経費を積み上げることとしている．解説[5]では，この際，過去の実績，
経験等に基づき，算出することが望ましいとしている．ガイドラインでは，こ
のような経費に加えて，各段階のリスクと各段階に分別できないリスクを定量
化して算入することとしている．

　ちなみに，英国では，PSC を評価する際，このように積み上げた経費とリス
クを合算したものに加え，さらに楽観的バイアスというものを想定し，これを
加えるという算定を行っている（図 2-4）．

　楽観的バイアスは，主要なプロジェクトのファクターについて，度を超して
楽観的に(安価に)評価してしまうシステム的な傾向と定義されており，National
Health Service（NHS）[注 10]の病院事業では，建設段階の経費について，実際に
30%安価に評価された事例があるとされている．

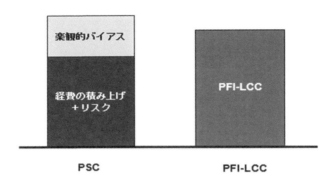

図 2-4　英国 VFM 評価モデル
出典：Green Book2018（HMT）[9]を基に筆者作成

2.1.3.5　PFI-LCC の評価方法

　ガイドラインでは，PSC 同様，設計，建設，維持管理，運営の各段階で，経費を積み上げることとしているが，PSC とは大きく異なる点を示している．その背景には，PFI-LCC の評価こそが，VFM を創出する大きな源泉の一つであることがある．PPP/PFI の実施が決定し，民間事業者を公募する際，民間が創意工夫をする余地のあるのはこの PFI-LCC の部分である．民間が創意工夫をし，官では思いもしなかったイノベーティブな提案をすることによってはじめて VFM が創出されることになる．ガイドラインではこのような考えを踏まえ，その算出過程や算出方法について明確な説明責任を果たすことが求められている．また，実務では，先験的に一定の比率を設定し，PSC で設定した各費用の削減を行うことにより，PFI-LCC を評価するケースがある（「削減率」の適用と言われている．解説[5]では，このような手法は，一定の比率について合理的な根拠がある場合を除き，厳に慎むべきとしている．

2.1.3.6　割引率

　割引率については，2.1.3.2 でその考え方について触れたところであるが，解説[5]では，民間が事業評価時に割引率を適用する際，比較的共通しているのは，リスクフリーレートを用いずに，これに対象事業のリスクを踏まえたリスクプレミアムが加えられること，換算時点での金利水準を前提としていること，事業期間に対応した金利が用いられていることがあるとされている．ガイドライ

ンでは，リスクフリーレートを用いることが適当とされており，例示として長期国債の利回りの過去の平均等が挙げられている．なお，ガイドラインではリスクフリーレートをなぜ用いるかについて触れられてはいないが，オーストラリア・ヴィクトリア州のガイドラインでは，リスクプレミアムを加えるとリスクをダブルカウンティングすることになるからと説明している．さらに同ガイドラインは，リスクを完全に民間に移転するとすれば，PSC についてはリスクプレミアムを加えたレート，リスクが加えられた PFI-LCC についてはリスクフリーレートを適用すべきとしている[注11]．なお，英国では，社会的時間選好率と概念設定し，3.5%を使用することが推奨されている．PPP/PFI については，事業期間中は平準化された費用がかかるものであり，割引率が高いと VFM が大きくなる傾向がある（図 2-5）．従って，その設定の仕方によっては，恣意的に大きな VFM となる可能性があり，解説[5]でもこの点について触れられている．

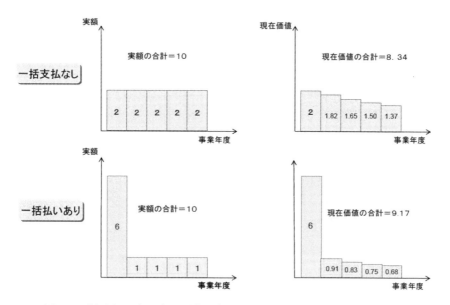

図 2-5　割引率の適用事例（費用負担が平準化されるほど現在価値は減少）
　　出典：内閣府 PFI アニュアルレポート平成 17 年度資料[7]を基に
　　　　　筆者作成

2.1.3.7　透明性の確保

2008 年 1 月に総務省より「PFI 事業に関する政策評価[10]」が公表され，内閣府に対し勧告がなされた．これを踏まえ，PFI 推進委員会で議論され，同年 7 月にガイドラインが改定され，VFM の評価過程や評価方法についても公表するべきとされた．ガイドラインで示された様式では具体的且つ詳細に公表することが求められている．

2.2　多様な事業類型における VFM の評価と算定

> 付帯施設（事業）等を併設する混合型の VFM 評価では本来公共が必要とする施設（事業）部分について PSC と PFI 事業の LCC を算定，評価することが基本となる．一方，独立採算型の VFM 評価は，PFI 事業として実施することにより効率的且つ効果的に事業を実施可能かどうか評価を行う．また，公共施設等運営権事業については，公共及び事業者が実施する場合の各々の事業収支（キャッシュフロー）を比較することとなる．

　本節では，サービス購入型以外の混合型（ジョイントベンチャー型），独立採算型及び公共施設等運営権事業（コンセッション事業）等他の類型における VFM 算定の考え方と算定上の課題について述べる．

2.2.1　内閣府の VFM ガイドラインにおける考え方

　内閣府の VFM ガイドライン[1]では，サービス提供型以外の事業類型における VFM 算定について，以下のように述べられている．

　"事業費を利用者から徴収する料金及び公共部門の支出の双方によって賄う事業（いわゆる「ジョイント・ベンチャー型」）や，利用者から徴収する料金ですべて賄い，公共部門の支出が生じない事業（いわゆる「独立採算型」）についても，PFI 事業として実施することにより効率的且つ効果的に実施できるかという評価を行うものとする．"

　サービス購入型においては，公共自らが実施する場合と PFI 方式で実施する場合の公共主体にとっての財政負担額の比較によって VFM の算定（PSC と PFI 事業の LCC との比較）を行うとされ，その算定手順と方法が示されているが，独立採算型や混合型等の類型においては，"効果的かつ効率的に実施できるか"とのみ述べられ，具体的な算定手順，方法は示されていない．

　また，サービス購入型が基本となるが付帯的施設（事業）が含まれる場合については下記の考え方が述べられている．

　"本来公共部門が必要とする施設（事業）に付帯的施設部分を加えて事業を実施する場合も想定され得るが，特定事業の選定段階における PFI 事業の LCC 算定にあたっては，原則として，本来公共部門が必要とする施設のみを想定する．"

　"ただし，当該 PFI 事業に付帯的施設を組み合わせることが予見され，実施

方針において，その内容が具体的に示されている場合は，当該付帯的施設を含めて全体事業費を計算した上で本来の公共施設に相当する部分を取り出して，PFI 事業の LCC を算定することとしても差し支えない．"

"民間事業者の選定段階における **VFM** の確認にあたっては，選定しようとしている民間事業者の事業計画に基づき，付帯的施設（事業）も含めた全体事業費の中から，本来の公共施設に相当する部分を取り出して，PFI 事業の LCC を算定する．"

美術館やホール等文化施設等のサービス購入型事業に例えば食堂，売店事業を公共からの助成のない独立採算事業として併設する場合や公務員宿舎整備事業で民間が余剰地活用事業を実施する場合，事業形態としては混合型に分類されるが，VFM ガイドラインでは，特定事業選定段階においては，①本来公共部門が必要とする施設（事業）部分について，サービス購入型としての VFM 算定を行うことを原則としており，②実施方針段階で付帯事業の内容が具体化されている場合は，付帯事業を含めた全体事業として算定を行った上で，本来公共部門が必要とする施設（事業）部分を取り出して VFM 算定を行ってもよいとの考え方であり，事業を実施する公共主体が付帯事業の内容・規模等に応じて判断し，算定方法を検討することとなる．

一方，事業者選定段階では，①，②のいずれの場合も，選定事業者の提案事業計画に基づき，付帯事業を含めた全体事業費から本来公共部門が必要とする施設（事業）部分を取り出して VFM 評価を行う必要があるとの考え方が示されている．

2.2.2　混合型事業における事業スキーム及び VFM 評価の留意点

混合型においては，民間事業者の収入はサービス購入型に該当する施設（事業）部門についての公共から支払われるサービス対価と独立採算型に該当する施設（事業）部門の利用者料金や付帯的事業収入で構成される．後者の合計収入に対する比率が相対的に小さい場合は，利用料金や付帯的事業収入は考慮せず，サービス購入型事業を基本として評価することは適切と考えられる．

一方，利用者料金や付帯的事業収入が一定割合以上を占め，公共の財政負担や事業の成否そのものに大きな影響を及ぼす場合においては，当該施設（事業）について，需要（収入変動）リスクや施設整備・運営コストの超過リスクを含めた事業リスクについての詳細且つ慎重な検討が必要である．

　民間ノウハウによる利用者料金収入の増大を通じて，結果的に公共が負担するサービス対価の減少が期待できる可能性があるが，需要予測が過大であった場合，想定した VFM の減少や公共負担額が増大することになる．また，事業者選定段階において，応募する民間事業者にとっても，高い需要予測を設定すれば提案するサービス対価を低く抑えることにより事業者選定上の優位が期待できるため，意図的かどうかに関わらず，甘い需要予測を行った事業者が選定され，需要予測が大きく下振れした場合は，最悪事業破綻に繋がる可能性がある．

　混合型類型において，"本来公共部門が必要とする施設（事業）部分を取り出して VFM 評価を行う"との VFM ガイドラインの考え方が示されている背景には上記のような懸念背景があるものと考えられる．

2.2.3　公共施設等運営権ガイドラインにおける考え方

　公共施設等運営権ガイドライン[11]（以下，コンセッションガイドライン）において，独立採算事業としてのコンセッション事業についての VFM 評価の考え方が下記のように示されている．

　"運営事業を始めとする利用料金の収受を伴う PFI 事業（以下コンセッション事業）についても，PFI 事業として実施することにより効率的且つ効果的に実施できるかという評価を行うこととされており，PFI 事業として実施することにより，収入がより多く，公共施設等がより有効に活用されているかどうかを，管理者等による事業実施の場合と比較検証するため，定量的評価を行うことが望ましい．"

　"特に，運営事業は事業規模，事業内容，事業期間を踏まえ，リスクを定量的に把握・分析することが重要である．例えば，需要変動リスクや運営等のコストの上昇リスクの分析，必要となる保険料の見積もりの活用等が考えられる．"

　また，コンセッション事業については，VFM 評価の算定方法が下記のように示されている．

　"独立採算型の公共施設等運営事業における VFM の算定については，管理者等が実施した場合の純現在価値（以下，NPV）と事業者が実施した場合の純現在価値（以下，NPV'）をそれぞれ以下のような考え方で算定し，「NPV'－NPV」がプラスであるか否かを以て VFM の有無を判断するのが望ましい．

　・NPV：対象事業について管理者等が実施した場合に見通されるキャッシュフローベースでの総収入と総支出（設備投資を含み，元利金の償還を含まない）の差分を，当該事業に管理者等が負っているリスクを加味した割引率①で現在価値化したもの．

　・NPV'：対象事業について事業者が実施した場合に見通されるキャッシュフローベースでの総収入と総支出（同上）の差分を，当該事業に事業者が負うリスクを加味した割引率②で現在価値化したもの．

　割引率①，②については類似事例，海外事例やマーケットサウンディング等踏まえて設定する．"

　VFM ガイドラインでは，独立採算型事業の VFM 評価について，"効果的且つ効率的に実施できるか"という基準のみしか示されていないが，コンセッションガイドラインでは上述のような算定の概略式が示されている．この評価式は，公共が自ら事業実施した場合と，民間事業者が実施した場合のそれぞれの事業収支キャッシュフローの現在価値自体を比較しており，サービス購入型における公共が自ら事業実施した場合と，民間事業者が実施した場合の公共主体にとっての財政負担額の比較という考え方とは異なっており，実施主体による事業の効果，効率性の比較という考え方となっている．

2.2.4　事業事例における VFM 算定事例

　PFI 事業実施事例については，「PPP/PFI 手法導入優先的検討規程運用の手引」事例集（内閣府 PFI 推進室，平成 29 年 1 月）[12] に事業分野，事業類型毎の事業概要と VFM 評価の概要が整理されている．また，同手引きの参考資料では，VFM 評価の統計データの分析結果が掲載されている．各実施事例の VFM 評価については事例集で各事業情報の HP アドレスから特定事業選定の公表資料が参照可能である [13]．ここでは，各類型について VFM 評価の実施事例をいくつか紹介する．

2.2.4.1　独立採算型事業事例における VFM 評価の概要

①　新北九州空港駐車場整備等事業（大阪航空局）

　本事業は，駐車場料金収入により事業費を賄う独立採算型事業であり，特定事業選定時において，国が実施した場合と PFI 方式により実施した場合の国の収支額を事業期間中にわたり年度別に算出し，各々現在価値換算額を算定し，PFI 方式については，設計・建設・維持管理・運営の一括発注による建設費や

維持管理費の一定の削減が見込めるとし，PFI 方式での国の収支額が約 1.6 億円（現在価値換算額）増加することが見込まれることから，特定事業として選定されている.

② 海の中道海浜公園海洋生態科学館改修・運営事業（九州地方整備局）

本事業は既存施設の改修を行い（RO 方式），施設運営を独立採算型として実施する事業である．"PFI 事業として実施することにより効率的且つ効果的に実施できるか"という評価については独立採算型民間事業としての採算性（出資配当率）及び事業成立性（資金調達可能性）の視点で定量的評価を行っており，上記①の事例とは異なる視点での VFM 評価となっている.

2.2.4.2 混合型（ジョイントベンチャー型）における VFM 評価の概要

① 黒部市下水道バイオマスエネルギー利活用施設整備運営事業（黒部市）

本事業は，バイオマスエネルギー利活用を目的に下水道汚泥施設の整備運営を行う事業である．事業には事業者の追加提案により事業者の収入となる処理対象物の委託料収入が含まれる．このため，事業類型としては混合型とすることも可能であるが，特定選定の段階では事業者収入部分は考慮せず，基本となる下水道汚泥施設について，サービス購入型における VFM 評価の考え方に基づき，VFM 評価が実施されている．本事業は内閣府の事例集でもサービス購入型と分類されている.

② 大阪府中新千里東住宅民活プロジェクト（大阪府）

本事業は，府営住宅の整備（サービス購入型事業，BT 方式）と併せて，民間事業者が府から用地を取得し，自らの事業として民間施設等の整備・運営事業（独立採算型）を実施する混合型事業である．特定事業の選定においては，公共事業としての府営住宅の整備業務及び入居移転支援業務部分について，府が実施する場合と事業者が実施する場合の府の財政負担額の評価を実施し，約 4.5%削減されるとの VFM 評価がなされている.

2.2.4.3 コンセッション事業における VFM 評価事例

① 福岡空港特定運営事業等（国土交通省）

本事業においては，二次審査段階で実施される競争的対話を通じて実施契約，要求水準等の調整が行われ，選定された優先交渉権者の提案内容を踏まえて実施契約及び要求水準に運営権者の実施義務を定める手順となっていることから，特定事業選定段階では VFM の定量的評価は困難として実施されていない

が，募集要項において，応募者の提案する運営権対価として，一時金 200 億円（固定），分割金として 47 億円/年以上が条件となっている．すなわち，実質上運営権対価（分割金）の下限額が本事業を PFI（コンセッション）事業として採択する基準となっている．優先交渉権者選定時では，すべての応募者が運営権対価分割金 47 億円/年を上回り，優先交渉権者の提案額は 142 億円/年であり，2.2.3 で述べた公共管理者が実施した場合の事業の現在価値（NPV）と事業者が実施した場合の事業現在価値（NPV'）を比較し，NPV'＞NPV であることも確認し，VFM があるとの評価がなされている．

2.2.5　事業類型に共通する VFM 評価における課題，留意点

① 　算定された VFM 数値に基づく判断基準

VFM 評価において設定した諸元には変動や仮定条件が伴うため，結果として得られる VFM 数値も確定した数値ではなく一定の変動や誤差を含んでいる．このため，VFM 数値に大きな影響を与える諸元については感度分析等を行い，VFM 数値の変動，特に VFM 評価に逆転が生じる可能性について十分な検討を行う必要がある．また，いくつかの自治体では，　VFM 評価に基づく PFI 手法採択の判断基準を設けており，仙台市（Private Finance Initiative 　活用指針第 4 版，平成 29 　年 3 月）では，"VFM が最低でも「3%以上且つ現在価値換算後 1 億円以上」"という基準を設定している．

② 　リスクの定量評価

リスクの定量評価については, 2.1.3.2 及び 2.3.2.6 で算定の基本的な考え方が述べられているが，実際の PFI 実施事例における VFM 評価においては，一部の事例を除き，殆ど実施されていないのが現状である．VFM ガイドライン及びリスク分担に関するガイドラインにおいても，"リスクの規模，発生確率等はその種類や事業の置かれた状況等によってさまざまであり，その指標を統一的に示すのは困難であり，それぞれの公共施設等の管理者等において，その経験や市場調査等によって得られたデータ等を基に想定することが適当であること，リスクに関するデータの蓄積を図ることが有益であること"が示されているが，個々の管理者・自治体等でリスクデータの蓄積を図ることは困難と思われる．分野，所管事業毎に国・所管官庁等によるリスクデータの収集，分析とその公開が必要と思われるが，現状，このような取り組みは行われていない．

2.3 事業事例における VFM 評価と算定における課題

特定事業選定時において VFM を評価し，その結果を公表することは，発注者内部における意思決定，透明性の確保のために必要なプロセスである．
実際の VFM の算定においては，事例や各種のマニュアル等に基づき算出されているが，算出方法は可能な限り簡素化されている．

2.3.1 はじめに

　通常，PFI/PPP 事業において，VFM の算出方法，結果について公表されているが，そのプロセスや詳細のデータを公表している例は少ない．特定事業選定時に詳細を公表することは，競争の阻害となる可能性があり，一方，事業者選定時においては，応募者が提出する事業計画が根拠となるため，こちらも事業者のノウハウの保護の観点が必要となり，一般に公表するようなものではないと考えられている．しかし当然，発注者は VFM の評価を詳細に行っており，その結果については，自治体の長や議会を含む関係機関へ説明，了承を得ているものである．ここでは，事業事例を踏まえつつ，一般的な VFM 評価のプロセスについて整理を行った．

2.3.2 VFM の算出方法

2.3.2.1 VFM の算出方法

　VFM を算出するということは，公共が従来方式（設計から工事，維持管理運営業務を直営または個別に発注する方式）と，民間事業者が実施した場合の費用を比較することである．つまり，事業費（施設の開業後の一定期間までを含む）を事業の検討段階で整理する必要がある．通常の公共工事においても当然，基本検討の段階において概算の事業規模を算出することになるが，それを PFI 事業として実施するかどうか判断するための指標の一つとして実施する．

　一方，PFI 事業として実施するかどうか判断するためには，従来方式に加え，民間事業として実施した場合においてかかる費用の積算が必要となる．事業において事業規模の確定，予定価格は，各種積算基準，歩掛り，（専門ごとによる）民間事業者からの見積，事例等から設定されるが，通常の工事とは異なり，設計，建設，維持管理，運営の各種業務が含まれているため，早期の段階で精度の高い積算を行うことは困難であると言える．特に PFI-LCC の算出にあたって

は，何かしらの足がかりが必要となる．そもそも，民間活力を導入することにより VFM が発現するのか理由を整理した上で，公共施設を整備運営する上でどの部分において民間のノウハウを活用したいのかを明確化させる必要がある．

2.3.2.2　VFM シミュレーションの流れ

VFM シミュレーションの流れ（図 2-6）は，ステップ 1 で VFM シミュレーションを検討する事業の概要を整理し，前提条件を設定する．ステップ 2 で，従来方式として実施した場合の公共の財政負担の見込額の現在価値「PSC」を算定する．ステップ 3 で，PPP で実施した場合の公共の財政負担の見込額の現在価値「PFI-LCC」を算定する．ステップ 4 で，算出した「PSC」及び「PFI-LCC」より VFM を算定する．

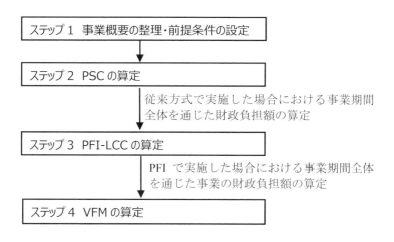

図 2-6　VFM シミュレーションの流れ

2.3.2.3　PSC の算定方法に関する記載事例

PFI 法及び基本方針には，PSC の算定に関する規定がない．内閣府の「VFM ガイドライン」には，設計，建設，維持管理，運営の各段階で経費を積み上げると規定されている．

「PPP/PFI 手法導入優先的検討規程運用の手引（平成 29 年 1 月内閣府）[14]」では，同種施設の事業費を参考とするなどにより設定を行うと規定されている．

「国土交通省所管事業への PFI 活用に関する発注担当者向け参考書（平成 20

年 3 月）¹⁵⁾」では，PSC に関する規定はなく，「VFM（Value For Money）ガイドライン及び「国土交通省所管事業を対象とした VFM（バリュー・フォー・マネー）簡易シミュレーション（平成 15 年 12 月 国土交通省）¹⁶⁾」を参照することと記載されている．

　「国土交通省所管事業を対象とした VFM（バリュー・フォー・マネー）簡易シミュレーション」には，PSC 算定に反映している要素と反映していない要素に関する記載はあるものの，PSC の算定に関する規定がない．（Model A（国）BTO 方式の場合には「施設整備費を入力」のみ記載）

　運用の手引には同種施設の事業費を参考とするなどにより設定を行うと記載されていることから，概略設計成果を基に近隣の施工実績を参考にして，可能な限り経費を積み上げ設定することが望ましいと考えられる．間接コストとは，当該事業の実施に必要な，企画段階及び事業期間中における人件費や事務費等，公共部門の間接的コストを指す．間接コストについては，合理的に計算できる範囲において PSC に算入することが適当である．

2.3.2.4　PFI-LCC の算定方法に関する記載事例

　PFI 法及び基本方針には規定がない．内閣府の「VFM ガイドライン」には，設計，建設，維持管理，運営の各段階において費用を推定し積み上げると規定されており，積み上げにあたっては，算出根拠を明確にするよう留意するとある．積み上げにあたっては，コンサルタント等の活用や類似事業に関する実態調査や市場調査を行う等して，算出根拠を明確にした上で，民間事業者の損益計画，資金収支計画等を各年度で想定し，計算する．なお，民間事業者が求める適正な利益，配当を織り込む必要があることに留意する．

　間接コストについては，PFI 事業の LCC に算入する．

　「PPP/PFI 手法導入優先的検討規程運用の手引 ¹⁴⁾」では，同種施設の事例等や，策定の手引及び本手引の削減率等の数値を参考にしながら削減率等の数値の設定を行うと規定されている．

　「国土交通省所管事業への PFI 活用に関する発注担当者向け参考書 ¹⁵⁾」では，PFI-LCC に関する規定はなく，VFM ガイドライン及び「国土交通省所管事業を対象とした VFM（バリュー・フォー・マネー）簡易シミュレーション」を参照することと記載されている．

　「国土交通省所管事業を対象とした VFM（バリュー・フォー・マネー）簡易

シミュレーション [16)]」には，PFI-LCC 算出にあたっての経費削減率については民間よりヒアリング等を行うことにより，その経費削減率が把握されるものであり，その過程を経ずに公共が一方的に定めることはできないと規定した上で，PSC の設計・建設費等及び維持管理・運営費等に削減率を 5%～20%乗じて試算する方法が示されている.

2.3.2.5　VFM の算定方法

「民間資金等の活用による公共施設等の整備等に関する事業の実施に関する基本方針 [17)]」において，VFM シミュレーションの結果算出される PSC と PFI-LCC の額は，割引現在価値に直した数値をもって比較することが定められている．これは，お金の価値は時間によって変化するためで，支出が後年度であればあるほど現在から見た価値は低くなる．現在価値への換算にあたっては，以下のとおり，割引率 r を用いて t 年後の金額 Vt の価値を算定する.

$$t 年後の金額 Vt の現在価値　＝　Vt \times Rt$$

$$現在価値化係数　R_t = \frac{1}{(1+r)^t}$$

2.3.2.6　リスク調整費の考え方

VFM ガイドラインでは，民間事業において事業に伴うあるリスクが事業者負担となっている場合，従来方式として実施した場合に公共が負うべきリスクとして PSC に加える必要があるとされる．まず，算入するリスクを特定することが必要である．リスクとしてどのようなものがあるかについては，「PFI 事業におけるリスク分担等に関するガイドライン [18)]」に整理されており，その中から上記の考え方に基づき，PSC に算入すべきリスクを特定する．特定されたリスクについては，それぞれできる限り定量化して，これを PSC に算入することが考えられる．しかし，リスクの定量化は非常に難しいため，VFM に対し影響度の大きいリスクを中心に定量化を行うこともやむを得ないと考えられる．この場合，PSC に算入されていないリスクがあることに留意する必要がある.

また，これ以外に保険料の見積をリスクの定量化に用いることも可能である．あるリスクについて，これを適切にカバーするために保険契約を結ぶことが可能である場合，どの程度の保険料を必要とするかという額で定量化するものである.

2.3.2.7 VFM 算出のためのパラメーター

　前述の通り，PSC 及び PFI-LCC は積み上げによって算出することとしている．PSC 及び PFI-LCC における算出項目について図 2-7 に詳細を示す．

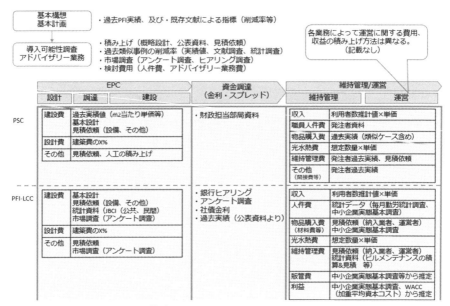

図 2-7　VFM 算定におけるパラメーターについて

2.3.3　実務の各段階における VFM の算出

2.3.3.1　可能性調査段階

　PSC 及び PFI-LCC の算出のためのコスト（時間，手間を含む）は相当のものであり，可能性調査段階においては通常，可能な範囲で簡素化しているのが実態である．類似事例を参考に規模を想定するのは，給食センター等の実績が多い PFI においては，ある程度のレベルで可能であろう．ただし建築規模，想定の運営規模に見合った過去実績が見つかるとは限らず，複数の情報から，1m^2 あたりの面積，1 日あたりの利用人数を整理し，それに数量をかけていくような形となる．

　さらに，PFI-LCC では，先行事例で公表されている VFM の割合を参考に VFM を推計することになる．先行事例が多い PFI の場合は，事例がない事業スキー

ムを採用しなければ，発注者内部の意思決定に活用できるレベルで推計することができると考える．事例がない，もしくは少ない PFI については簡単ではなく，概略検討段階においても，概略設計を基に積み上げていく必要がある．

2.3.3.2　特定事業の選定段階

特定事業の選定段階においては，積算に基づく設定が根拠となる．ただし，PSC，PFI-LCC においても，PFI の採用を前提としていることから，詳細設計は民間事業者の業務の範囲に含むものとしており，概略設計結果を基にした算出となる．

PSC においては，発注者が想定する事業の規模，内容について発注者内部の意思決定及び，応募を想定する民間事業者への情報開示に活用する資料となる．一方，PFI-LCC では，PSC の算出結果を基に民間への単価の置き換えを行い，その数値をもって算出する．ただし，こちらも事業の詳細については，民間事業者の提案に基づき実施することとしていることから，すべての項目において詳細な算出を行うものではなく，建築コストの一部項目の単価，人件費の単価といった主要な項目について算出する．

金融費用等の資金調達コストは，民間事業者の信用力や要求するリターン，事業のリスクによって異なっており，客観的な情報の入手が難しいが，社債金利，REIT の配当利回り等を参考にすることが考えられる．

会社設立のための費用は，一般的な株式会社の設立費用を参考に設定することが考えられる．その結果，一定レベルの VFM が確認できた場合には，その結果をもって PFI-LCC としている．なお，単価や人件費，その他の項目の妥当性を確認するため，複数の民間事業者から見積を徴収することがある．

事業の性質上，運営業務等において想定される応募者のノウハウが異なることが予想される場合は，市場調査等において，複数の民間事業者に対してヒアリング及び見積徴収を行い，その結果得られた情報を参考に数値を設定するが，積算を基にした数値の設定が難しい項目については，削減率を想定して設定することになる．

リスク調整費については，リスク分担の検討時において得られた主要なリスクが顕在化する可能性を想定することになるが，顕在化の可能性を定量化することは難しく，保険料の積み上げに留まっている．

2.3.3.3　事業者の選定段階

事業者の選定段階においては，選定する民間事業者の事業計画に基づき，VFM があることを確認する．

2.3.4　**VFM の算出における課題**

現状，VFM に関して，算出の必要性については理解されており，また，実際にも算出されているが，単純且つわかりやすさ，説明のしやすさに着眼している例が多いことから，PSC と PFI–LCC は狭義の比較に留まっている．

VFM が既存の事例や簡易的な積算結果などの限られた情報により算出されていることは現実的には仕方がない面もあるが，事業の価値については，多種多様な視点からの評価が求められていると考えられる．

2.4　英国における VFM の考え方の一例

> VFM という概念が生まれた英国において，VFM がどのように考えられて
> いるか，一例として，英国交通省（Department for Transport）が 2017 年に刊
> 行した Value for Money Framework ～Moving Britain Ahead～[19]（以下，本フ
> レームワーク）での記載を参考として説明する．

　本フレームワークは，英国交通省により，第一義的には，省内のアナリスト，政策立案者及び意思決定者による活用を念頭に刊行されているが，地方政府の交通部局においても活用を求めている．また，本フレームワークで示される基礎的原則は，英国交通省以外の他省の事業にも概ね適用可能と示されている．

　なお，本フレームワークの対象は，PPP/PFI に限定されておらず，公共事業全般を対象としており，2.1.1 で示した「納税者が納めた税金（Money）に見合った価値（Value）を創出しているかどうか」という視点に立脚したものである．すなわち，本フレームワークでいう VFM は，本書の他の箇所で説明している VFM（PSC と PFI-LCC の差額）とは厳密には異なり，PPP/PFI 方式に限らず，最適な事業手法の選択を含め当該事業の実施判断の基準，判断の際の手続きや留意点等を示すものであるが，我が国の PPP/PFI における VFM 評価の際にも参考となる点があるものと思われるため，以下にその概要を示す．

2.4.1　VFM 評価を行うタイミング

　公共投資を伴う事業の実施に関する"新規プロポーザル"に対し，公共として意思決定を行う際には，VFM 評価を行うことが求められているとともに，事後の VFM 評価も求められている．（上述のプロポーザルという表現は，事業提案に類似の意味と解される．）

2.4.2　VFM 評価の対象

　言うまでもないことであるが，プロポーザルがあった事業を実行する目的は Public Value（公共価値）の最大化である．本フレームワークでは，VFM を実現するということは，すなわち，Public Value を創造し最大化するような形で Public Resources（公共資源）を利用することであると定義されている．ここで，Public Resources の利用とは，公共セクターの資本ならびに資源の支出，資産の管理，及び収入の増加と定義される．一方，Public Value とは，英国の人々の幸福度の総計と定義され，交通分野のプロポーザルの文脈においては，ⅰ）経済面（例

えば，旅行時間，車両コスト，税収），ⅱ）社会面（例えば，健康，安全，アクセシビリティ），及びⅲ）環境面（例えば，騒音，大気の質，景観）それぞれのインパクトすべてを対象とし，VFM の評価対象は当該プロポーザル実施エリアではなく"英国全体"を対象とすることも示されている．

　また，VFM 評価は，当該プロポーザルによってもたらされる純粋に「追加的な」Public Value のみを対象とすることも示されている．単に，Value がある場所から別の場所へ移転すること，Value が当該プロポーザルのエリアから流出・漏れ出すこと，プロポーザル前から元々存在した Value 等を適正に加除し，当該プロポーザルのもたらす純粋に「追加的な」Public Value の総計を評価することが示されている．

2.4.3　VFM を実現・向上するドライバー

　本フレームワークでは，VFM を実現・向上するドライバーとして，以下の"3Es"が示されている．

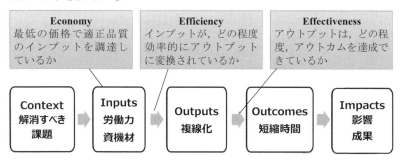

※下段の各四角内の記述（複線化等）は，鉄道事業におけるイメージを例示している．

図 2-8　VFM を実現・向上するドライバー（3Es）

2.4.4　VFM 評価における 3 つの鍵

　本フレームワークでは，VFM 評価結果の正確性向上や適正な評価手法の確立に向けた最大化の鍵として下記の①から③の 3 要素を示している．

①適切な選択肢（プロポーザル）の抽出

　本フレームワークでは，適切な選択肢（プロポーザル）を抽出するための第一歩として，Without Case（いかなるプロポーザルも実施しないケース）の分析を十分に行うことの重要性が示されている．

②　コストとインパクトの算定

　貨幣価値換算化が困難なインパクトに関しても VFM 評価から排除されるべ

きではないと示している．貨幣価値化手法の確立度合いに応じ，優先順位をつけて算定，VFM 評価のプロセスの中に組み込むことが示されている（表 2-1）．

表 2-1　貨幣換算タイプと VFM 評価における活用

貨幣価値換算の難易度・手法の確立	VFM 評価における活用
1) 貨幣換算化手法が十分に確立されているインパクト（例：移動時間）	初期に貨幣価値算定を行い，VFM 評価書に示す．（Initial VFM）
2) 貨幣換算化手法の妥当性を示す根拠が一定程度あるが依然検証中のインパクト（例：労働者の需給）	貨幣価値算定し，1)の BCR※を調整し VFM 評価書に示す．（Adjusted VFM）
3) 貨幣換算化手法が十分に確立されていないインパクト（例：転職）	VFM 評価の最終段階で考慮する．1)や 2)の貨幣価値算定に繰り入れないが，仮に貨幣価値算定に組み入れた場合，VFM 評価に大きな差異が生じるものか否かを確認．
4) 貨幣換算化せず，ポイント制等で別途評価するインパクト（例：景観，生物多様性）	

※BCR =便益の現在価値 / 費用の現在価値
（Present Value of Benefits / Present Value of Costs）

③　リスクと不確実性の検証（VFM 評価の信頼性の向上）

　便益算定結果に大きな影響のあるリスクと不確実性については，感度分析を行うことが VFM 評価の信頼性向上に繋がる．感度分析によって，各リスクや不確実性のうち VFM に影響の大きなものを抽出することができ，また抽出された重要要因の変化が与える影響度の大きさが見えるため有益とされている．

2.4.5　VFM カテゴリー

　本フレームワークでは，一般的には，Adjusted VFM（上記の表 2-1 中の 2)のケース）を用いて，最終的に下表（標準的ケース）に従って VFM を 6 段階評価することとしている．

表 2-2　VFM カテゴリー表

VFM カテゴリー	BCR
Very High	4 以上
High	2〜4
Medium	1.5〜2
Low	1〜1.5
Poor	0〜1
Very Poor	0 以下

また，最終的な VFM カテゴリーの決定に向けては，感度分析を行い，カテゴリーの変化の有無・大きさを確認することや，貨幣換算化手法が十分に確立されていないインパクト（表 2-1 中の 3））を算入して BCR の算出をした場合のカテゴリーの変化の有無・大きさを確認することが有益とされている．

2.4.6　VFM 評価書（VFM Statement）

最終的に新規プロポーザルを進めるか否かの意思決定を行う際には，意思決定者に対する VFM 評価書の提出が必須とされている．VFM 評価書に示される主な項目を以下に示す．

- ・VFM カテゴリーの 6 段階評価の結果
- ・英国交通省が要するプロポーザル実施のための費用
- ・貨幣換算可能なインパクトのうち，最も影響の大きなもの
- ・重大な影響を持つ貨幣換算不可能なインパクトの有無
- ・算定した VFM の実現可能性（使用したデータや評価手法の信頼度）

また，感度分析の結果，VFM カテゴリーの変化が見られた場合は，VFM カテゴリーの結果に関する信頼度（実現性）を，段階評価（例えば 4 段階評価）することが示されている．

2.4.7　貨幣価値換算をしない VFM 評価

本フレームワークでは，貨幣価値換算を行わない項目が大半を占める VFM 評価についても言及されており，その場合，VFM 評価は，VFM の大きさではなく，VFM の“有無”を示すために行われると示されている．その場合，VFM カテゴリーは，経済的に“正”か“負”かの選択を示すことになる場合が多い．

2.4.8　分析保証書（Analytical Assurance Statement）

英国交通省の意思決定に際しては，当該 VFM 評価を行った際，十分な検討時間とリソースを投入できたか，採用した検討手法の信頼性を示す分析保証書を VFM 評価書と共に提出し，当該意思決定プロセスの妥当性についても検証することが求められている．

注

1. PPP/PFI：我が国の政府関係文書では，PFI を中心とした官民連携手法
   （Public-Private Partnership）について，PPP/PFI と表記しており，内閣府に
   おける担当部局名も PPP/PFI 推進室とされている．2.1 では，英国の特定の
   制度としての PFI を固有名詞として使用する場合を除き，政府関係文書の
   表記にならう．

2. 英国における PFI の発展については，導入期については，野田（2003），
   1997 年の労働党政権発足以降については，町田（2009）が詳しい．なお 2018
   年 10 月にハモンド財務大臣は，今後新規事業に PFI の手法を適用しない
   ことを表明した．このように英国では制度としての PFI は廃止されている．

3. 内閣府 PFI 推進室が，2006 年 3 月に NAO（National Audit Office）に対して
   行った聞き取りによる．

4. 東洋大学が，2019 年 8 月に IPA（Infrastructure Projects Authority：英国財務
   省と内閣府の直下にあるインフラ開発ユニット．国内全体のインフラ案件・
   PPP 案件を統括している．かつての PUK，IUK の後継組織）に対して行っ
   た聞き取りによる．

5. ハーバードケネディスクールでも，PPP/PFI の基本的な原則の一つとして
   いる．

6. 導入の経緯については，山内等 3) pp.78-80 参照．

7. 日本 PFI・PPP 協会が，2016 年 2 月に行ったセミナーの際の英国運輸省
   （Department for Transport）空港及び競争政策課長の講演による．

8. ガイドラインでは，いわゆる「ジョイントベンチャー型」については，独
   立採算型と同様に PSC と PFI-LCC の比較というアプローチは適用になら
   ない旨明示している．

9. イコールフッティング：例えば，公共が実施する場合であれば交付される
   国庫補助金について，PPP/PFI として民間が実施する場合も交付するよう
   に制度措置すべきという際に「イコールフッティングを実現すべき」とし
   て使われることも多い．

10. National Health Service（NHS）：英国においては，医療サービスは原則無料
    であり，病院の整備運営等の医療サービスは，National Health Service（NHS）
    により一括して提供されている．

11. これについては，ガイドラインとは異なり，PSC，PFI-LCC ともにリスク
    フリーレートを用いるべきとしたヴィクトリア州政府の委託報告書がある．

参考文献

1) 内閣府民間資金等活用事業推進室（以下，内閣府 PPP/PFI 推進室）：
VFM（Value For Money）に関するガイドライン，2007.
< https://www8.cao.go.jp/pfi/hourei/guideline/pdf/vfm_guideline.pdf>

2) 野田由美子：PFI の知識，日本経済新聞社，2003.

3) 町田裕彦：PPP の知識，日本経済新聞出版社，2009.

4) 山内弘隆編著：運輸・交通インフラと民力活用-PPP/PFI のファイナンスと
ガバナンス，慶應義塾大学出版会，2014.

5) 内閣府 PPP/PFI 推進室：VFM に関するガイドラインの一部改訂及びその
解説，2007. < https://www8.cao.go.jp/pfi/whatsnew/pdf/190702gkaitei.pdf>

6) 内閣府 PPP/PFI 推進室：PFI アニュアルレポート平成 18 年度，2006.
<https://www8.cao.go.jp/pfi/pfi_jouhou/archive/houkoku/nenji/18fy/nenji_18.ht
ml>

7) 内閣府 PPP/PFI 推進室：PFI アニュアルレポート平成 17 年度，2005.
<https://www8.cao.go.jp/pfi/pfi_jouhou/archive/houkoku/nenji/17fy/nenji_17.ht
ml>

8) オーストラリア・ヴィクトリア州，Department of Treasury and Finance
（DTF）：Public Sector Comparator Technical Note，2001.

9) 英国 HM Treasury：The Green Book（Central Government Guidance on
Appraisal and Evaluation），2018.
<https://assets.publishing.service.gov.uk/government/uploads/system/uploads/att
achment_data/file/685903/The_Green_Book.pdf>

10) 総務省：PFI 事業に関する政策評価，2008.
<https://www.soumu.go.jp/main_content/000250667.pdf>

11) 内閣府 PPP/PFI 推進室：公共施設等運営権及び公共施設等運営事業に関す
るガイドライン，2018.
<https://www8.cao.go.jp/pfi/hourei/guideline/pdf/h30uneiken_guideline.pdf>

12) 内閣府 PPP/PFI 推進室：「PPP/PFI 手法導入優先的検討規程運用の手引」事
例集，2017.
<https://www8.cao.go.jp/pfi/yuusenkentou/unyotebiki/pdf/unyotebiki_02.pdf>

13) 内閣府 PPP/PFI 推進室：PFI 事業事例集，2019.
<https://www8.cao.go.jp/pfi/pfi_jouhou/jigyou/jireisyu/jireisyu.html>

14) 内閣府 PPP/PFI 推進室：PPP/PFI 手法導入優先的検討規程運用の手引，2017.
<https://www8.cao.go.jp/pfi/yuusenkentou/unyotebiki/pdf/unyotebiki_01.pdf>

15) 国土交通省：国土交通省所管事業への PFI 活用に関する発注担当者向け参

考書，2008.
<http://www.mlit.go.jp/sogoseisaku/policy/PFItoppage/sankouH20/PFIsankouall.pdf>

16) 国土交通省：国土交通省所管事業を対象とした VFM（バリュー・フォー・マネー）簡易シミュレーション，2003.
<http://www.mlit.go.jp/sogoseisaku/policy/pfi/vfm-3/01.pdf>

17) 内閣府 PPP/PFI 推進室：民間資金等の活用による公共施設等の整備等に関する事業の実施に関する基本方針，2018.（閣議決定）
<https://www8.cao.go.jp/pfi/hourei/kaisei/pdf/h30kaisei_kihonhoushin.pdf>

18) 内閣府 PPP/PFI 推進室：PFI 事業におけるリスク分担等に関するガイドライン，2018.
<https://www8.cao.go.jp/pfi/hourei/guideline/pdf/risk_guideline.pdf >

19) 英国 Department for Transport：Value for Money Framework Moving Britain Ahead，2017.
<https://assets.publishing.service.gov.uk/government/uploads/system/uploads/attachment_data/file/630704/value-for-money-framework.pdf>

3. VFMを高める価値ドライバー

3.1 VFMに関わる議論の整理

3.1.1 PSCとPFI-LCCに関する議論

VFMは公共サービス水準を仮に一定としたときのPSCとPFI-LCCの差で計算するとされているが，それはが最善の方法として提示されているわけではない．VFMの考え方を十分に活かすには，むしろ事業の価値向上に高い関心を払うべきである．

　VFMを用いた公共サービスの調達手法の基本的考え方は，これまでも示されている通り，「支払いに対して最も価値の高いサービスを供給する」ことである．ガイドラインにおいても，支出額の差で計算することを最善の方法として提示しているわけではない．まず，事業に対する評価を，必要性の議論段階と効率性の議論段階の2つに分け，前者の費用便益分析での判断後に，効率性の議論の段階においてVFMを用いるとされている．その段階での事業の企画や特定事業の選定時，民間事業者の計画がまだ明らかではない段階では公共サービス水準の高低を議論できないことから，公共サービス水準を仮に一定として，PSC－PFI-LCCという支出額の差をVFMとしているにすぎない．事業者選定時点では，その計画のVFMを確認し，考え方の適切さを検証することになる．ガイドラインにも，「PFIのLCCがPSCを上回っても，その差を上回る公共サービス水準の向上がPFI事業において期待できれば，PFI事業側にVFMがあるといえる．」と記されている．価格評価と性能評価をともに行う総合評価方式において，民間提案に対する段階評価を行うことは，一つの公共サービス水準評価の方法である．直接的には，予定価格の範囲内の複数提案間の相対評価であり，PSCを上回るような提案を含むわけではないが，高い費用を用いてもより高い公共サービス水準を実現することが可能な企画提案が選択される可能性を有している点では，価値評価をしていることに繋がる．

　図3-1は，PSCとPFI-LCCに関する議論のうち，Valueを高める提案についてまとめたものである．要求水準書等が公表された段階で，求めるサービス水準がある程度設定されるが，費用削減提案だけでなく事業価値を高めるような

SPC 提案の余地を残したものとなるはずである．そのサービス水準に基づいて PSC が計算され，多くの場合それよりも低い額で事業者選定時の予定価格が設定される．SPC は，その価格の範囲内で，サービス水準を維持しながら価格低下を図る提案と，価格をある程度高めてもそれを上回る価値上昇をもたらす提案を織り交ぜながら内容を決めることになる．ただし，実際には，総合評価方式における価格差が大きくなるケースは少なく，そのままでは，価値上昇をもたらす提案の余地が少ない場合が多い．これまでは，VFM の源泉として財政支出削減に重きを置いてきたが，削減した費用により生み出した余地を価値上昇に活用するような提案を促進することが重要になる．そのためにも，設定したサービス水準を固定的に考えるのではなく，Value と Money の相対値として VFM を捉えることが重要である．

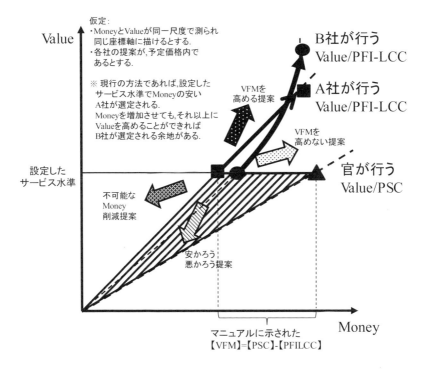

図 3-1　PSC と PFI-LCC に関する議論

3.1.2　VFM の源泉

> VFM の 7 つの源泉は発注制度，事業主体及び規律付けの 3 グループに分類できる．発注制度を主とする制度的条件の下，競合など動機づけ要因に駆られることで，民間事業者が持つ様々なリスク低減策が引き出される．

　PFI は民間のコスト削減技術，利用者への公共サービス向上技術を発揮するに十分な公共発注の方法である．VFM の実態が事業期間全体にわたる純コストの削減幅とすると，表 3-1 に示すように，その発生メカニズムは発注制度，事業主体及び規律づけの観点で説明できる．発注制度は VFM の条件と言える．分離・分割，単年度発注を特徴とする伝統的な公共発注は民間のコスト削減技術，公共サービス向上技術を十分に発揮できない．伝統的な公共発注による制約を解除することが，民間のコスト削減技術を適用し，集客ノウハウを発揮する条件となる．

　2 番目の着眼点は事業主体である．伝統的な公共発注による制約が解除されたことによって，民間事業者はコスト削減技術，集客ノウハウを発揮することができる．ここでコスト削減技術，集客ノウハウの発揮とは，公共主体から引き受けたリスクに対する対応行動と言い換えられる．リスク対応行動とは，QCD（品質，コスト，納期）等に関する追加支出の可能性（期待値）を下げることである．リスク対応行動がとれるのは，その事業分野に関して当の民間事業者に知識と経験があるからだ．また，当の民間事業者と傘下業者の関係が長期・継続的な関係であることから密度の濃いガバナンスをはたらかせることができることも要因である．いずれも事業主体が国や自治体など公共主体ではなく民間事業者であることによって説明できる VFM の源泉である．

　最後に規律づけである．発注制度という制度的条件のもと，対象事業を得意分野とする民間事業者が，傘下業者に対する強力なガバナンス力を発揮するとして，それを外発的に動機付けるのは民間事業者の競合事業者，運営段階においてはモニタリング主体である．事業者選定時には競合相手の存在がコスト削減，サービス向上に向けた工夫を引き出す．大多数のケースにおいて，第 1 章の図 1-3 にも示されるように，特定事業選定時 VFM を事業者選定時 VFM が上回るのはその現れである．競争原理による上振れ現象として説明できる．ここで競争原理にはモニタリングも含まれる．工夫を凝らした事業計画もその後のモニタリン

グがなければその通りに実現するかは定かでない．事業計画に盛り込まれたコスト削減，サービス向上を計画通りに実現させるのは他でもないモニタリングである．

表 3-1　VFM の 7 つの源泉

発注制度	1.性能発注	選択肢（工夫の余地）の拡大
	2.一括発注	分離・分割発注による非効率の解消
		QCD向上ノウハウの適用可能性の向上
	3.複数年契約	単年度契約の非効率の解消
		引継ぎコスト低減　学習効果　イノベーション創出効果
	4.包括契約	併設施設とのシナジー効果
事業主体	5.リスク対応	得意分野の知識経験を活かした確実性の向上
		傘下業者へのガバナンス強化によるリスク抑制
規律づけ	6.競争	競合を意識した工夫の動機づけ　戦略価格の設定
	7.モニタリング	競争に代わる規律付け

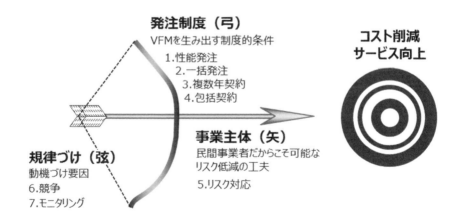

図 3-2　VFM 源泉の 3 グループ

3.1.3 バンドリングの組み合わせで説明する VFM 発生メカニズム

発注制度に着眼した VFM 発生メカニズムは整備，維持管理から運営まで一連のプロセスにおける構成要素間の組み合わせによって整理することができる．

図 3-3 は伝統的な公共発注と PFI による発注の違いを示している．伝統的な公共発注が，民間のコスト削減技術，集客ノウハウの発揮を制限するとした場合，その大きな特徴は分離・分割，単年度契約である．PFI による発注は，設計，施工，維持管理そして運営，ケースによっては基本計画に遡ってまとめたうえで，とりまとめ主体である SPC に発注することである．とりまとめ主体である SPC は民間企業の一類型であるため公共調達の制約をうけない．具体的には分離・分割，単年度発注をする必要がない．設計，施工，維持管理及び運営の各プロセスで発注先を細分化することなく，効率的な単位で発注することができる．また，設計と施工などプロセス間をまたいで発注することができる．設計と施工，施工と維持管理など様々な組み合わせがあり，これらの組み合わせに応じて VFM の源泉を説明することができる．

伝統的な公共発注において分散したプロセスの一体化は，図 3-3 で言えば“横”の関係である．これに対する“縦”の関係は，発注者と受注者の関係である．伝統的な公共発注において，発注者は地方自治体などの公共主体である．公共主体が，民間業者に仕様発注を行う．受注者とは入札等に伴う偶然的な関係である．これを市場取引関係とする．

対して，PFI において縦の関係は 2 階層ある．まずは公共主体が SPC に発注する関係と，SPC が業者に発注する関係である．ここで発注者の SPC は民間企業である．SPC が設計以下各々の事業体に発注するにあたって，能力ある協力企業に随意契約で発注できる．必ずしも競争入札によらず，見積り合わせ方式によって価格決定するため，従来方式に比べて低価格を狙うことができる．

また，リスク対応においても従来方式に比べ強力なガバナンスを利かせることができる．

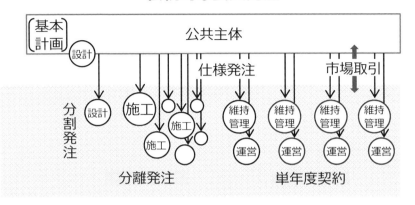

伝統的な公共発注

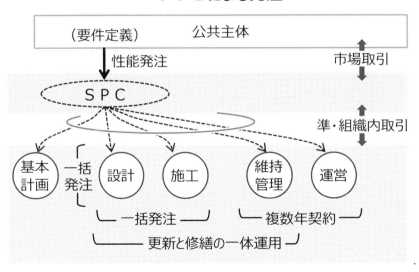

ＰＦＩによる発注

図 3-3　伝統的な公共発注と PFI による発注の違い

3.1.4 官民の役割分界点に着眼した PFI

> 伝統的な公共発注から PFI/PPP まで様々な発注制度の特徴は，整備，維持管理から運営まで一連のプロセスにおける官民の役割分界点で整理できる．役割分担はリスク分担でもあり発注価格の性質を規定する．

　図 3-4 は基本計画から維持管理・運営に至る段階における官民の役割分界点を示している．伝統的な公共発注は設計まで地方自治体など公共主体が担い，施工以降を民間事業者が担当する．設計図を基に積算した設計金額を念頭に，民間事業者が原価を見積もって入札し，落札額をもって受注する．民間事業者は前工程の設計で決められた出来形通りに完成することが求められる．材料や工種などの自由度は少なく程度の差こそあれ「仕様発注」となる．原則として工事請負代金は契約で決まっており，施工方法や材料調達の工夫で利幅を生み出す余地はある．民間企業にとっては決められた通りに作ればよいのでリスクは少ないが，他方で工夫の余地もない．

　次は設計施工一括発注である．設計と施工をまとめて発注する方式の場合，施工については詳細に決められることがなくなり，言い換えれば施工に関する自由度は若干高まる．図 3-4 の設計施工一括発注である．設計施工一括発注においては，公共主体は基本計画の成果物である設計図面と予算額をもって民間事業者に発注する．予算額は設計と施工にかかるものを含んでいる．施工技術を設計に織り込むことで施工のみの受注に比べコスト削減の可能性は高くなる．発注者にしてみれば，設計，施工の各工程でコストが嵩んだとしても支払う額は一定で済む．言い換えれば，リスクの一部を設計前の段階で固定できる．

　「PFI 事業契約との関連における業務要求水準書の基本的考え方」（2009 年 4 月 3 日，内閣府）によれば，発注者が基本計画を策定し，設計以降のプロセスをまとめて発注する．図 3-4 の上から 3 段目はサービス購入型 PFI を想定している．この場合の性能要件は基本計画の成果物である．BOT 方式の場合，設計施工にかかる民間企業の投資は固定収入であるサービス購入料で回収される．設計施工一括発注に比べれば，完成後の維持管理・運営による収支差額の分だけ変動幅が大きくなるが，それでも回収可能性は大きく変わらない．

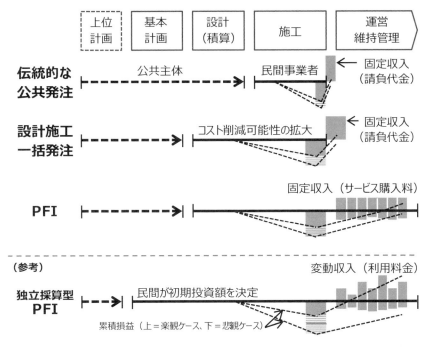

図 3-4　整備手法別にみた民間企業の役割範囲と収入・支出及び累積損益

　参考まで，図 3-4 の最下段は混合型ないし独立採算型 PFI を想定している．上位計画に基づき，民間事業者が施設の基本計画を提案．集客を見込んで仕様と初期投資額を決め，自己資金で整備するケースである．利用者から利用料金を直接収受するので，投資の回収可能性のブレが大きい．需要リスクを需要する代わりに，初期投資額を自己決定する権限を持つ．

　独立採算型 PFI であれば公共主体の負担は原則として無い．完全な独立採算でなく，回収原資の一部を公共主体からの補てんで賄う混合型 PFI も公的負担はあるがはじめから固定されている．言い換えれば公的主体のリスクは限定されている．

3.2　VFM の源泉に対する評価

3.2.1　性能発注

> 伝統的公共発注の「仕様発注」に対し PPP/PFI は「性能発注」を旨とす
> る．性能要件は相対的でサプライチェーンの下流に近いほど材料，工法な
> ど「仕様」の選択肢が広がり，コスト削減すなわち VFM の可能性は高く
> なる．

　伝統的な公共発注の原則が「仕様発注」であるのに対し，PFI は「性能発注」
を旨とする．性能発注は，材料や工法などを詳細に指定する仕様発注に対する概
念で，公共施設の設計，整備，維持管理そして運営について発注者が「性能」を
指定して発注する方法である．仕様は性能の下位概念であり，性能によって規定
される．仕様発注で受託した場合，受託者は仕様通りに納品すれば，仮に，その
成果物が実際の性能を満たさなかったとしても責任はない．

　VFM の源泉として捉えた場合，性能発注とは仕様つまり材料や工法の自由度
を含意する．最終的に性能要件を満たせば，どのようなアプローチで性能要件を
満たすかは受託者に選択権がある．受託者たる民間事業者は利益を最大化する
ため，できるだけコストを抑えたアプローチを選択する．これが VFM の源泉で
ある．

　一口に性能発注と言っても仕様発注に対して相対的な概念であって，どのよ
うな要件をもって性能発注と言えるかは定説がない．仕様発注で示される要件
に比べて抽象的，または結果に近いほど性能発注の理想型に近づく．それだけ仕
様つまり材料や工法に関する選択肢，言い換えればコスト削減策の適用範囲が
広がるからである．

　図 3-5 は公共施設のサプライチェーンを表現している．顧客を最下流とした流
れを考えると，公共施設のサービスの提供側で顧客に直接応対するのは公共施
設の運営者である．運営者がその役割をまっとうしているか否かの定量指標は
集客数や顧客満足度となる．その一段階上流は，顧客にサービスを提供するため
の施設整備，正確に言えばどのような施設要件を備えるべきかを計画する役割
である．運営者が想定した集客数や満足度を達成するのに必要な収容能力，デザ
インそして投資額が，ここで決められるべき要件となる．さらにひとつ上流は設

計である．施設計画の段階で決められた要件を設計図面の形式に表す役割を持つ．最も上流が施工である．設計図面通りに完成させる義務がある．

　このサプライチェーンのうち民間事業者が何を担うかによって，PFI 及び性能発注の内容が定義づけられる．図 3-5 の A タイプは伝統的な公共発注で，施設の計画と設計を自治体が担い，施工と運営は民間事業者，それも別々の事業者が担う．B タイプはサービス購入型の PFI を想定している．契約額の範囲で，自治体が立てた施設計画に従って民間事業者が設計と施工を担う．ここで性能要件とは収容能力，デザインなどになる．この要件を満たすものであれば，どのような設計，施工方法や材料は原則的に請け負った民間事業者が自由に決めることができる．設計と施工を一括で担うことによるコスト削減の余地が広がる．

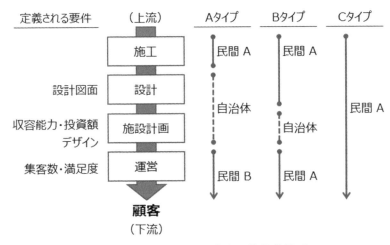

図 3-5　サプライチェーンで考える施設整備プロセス

　参考まで C タイプは独立採算型（混合型を含む）の PFI を想定している．B タイプは施設計画を自治体が担うため，民間事業者から見ればサプライチェーンの分断がある．公共施設の収容能力とデザインを，運営者が自ら計画するのが特徴だ．集客数の見通しから逆算し採算割れしないような投資額を見積もる．この場合，民間事業者が果たすべき性能要件は集客数，満足度となる．自治体は，施設計画のさらに上位の計画，施設が立地するエリア全体のコンセプト，ビジョンを策定する役割を担うことになる．

3.2.2 一括発注

> 伝統的な公共発注は「分離・分割発注」が原則だが，PPP/PFI はそれぞれ一括して発注する．整備案件の分離・分割による非効率の解消が VFM の源泉となる．具体的には品質向上，コスト削減，納期短縮に現れる．

　一括契約には，同プロセス内であえて分割発注されていたものを一括発注する意味と，設計，施工から維持管理までの隣接するプロセスを分離せず一括発注する意味がある．

　まずは分割発注に対する一括発注である．伝統的な公共発注は，設計または施工において，大小の業者にあえて分割発注するのが原則である．地方自治体が実施する整備事業は多少なりとも失業対策などの政策性を帯びる．地元の零細企業が受注できる技術レベルに留意しつつ案件を分割しなければならない．

　それに対し，PFI は合理的な範囲で一括発注することができる．発注者である SPC は民間企業であり，伝統的な公共発注の政策的な制約から原則自由である．一件当たりの発注規模が大きくなったとしても，受注業者にかかる固定費は同じペースでは大きくならない．言い換えれば，多数業者に分割発注しても単独業者に一括発注しても，発注案件にかかる固定費は同じである．すなわち規模の経済性がはたらく．分割発注を一括発注にすることで規模の経済性によるコスト削減効果が期待できる．

　また，発注規模が大きくなることで，自ずと受注可能な業者が絞られる．技術的に課題を残す企業の参入ハードルが上がり，ひるがえってこのことによる品質向上も期待できよう．能力を有する業者が反復して受注することになることによる経験効果も期待できる．

　発注側からみれば，工事規模が大型化しても発注にかかる作業工数はそれほど増えない．発注の数は減るのでその分作業工数は少なくなる．つまり発注作業に関しても規模の経済が働く．なお，伝統的な公共発注は施設整備の観点では非効率であっても，社会政策目的に照らせば合理的であることを付言する．伝統的な公共発注か，PFI による発注のどちらを選択するかは，公共施設そのものが目的か，あるいは公共施設の整備による所得再分配を目的としているのかにもよる．

　次は，隣接プロセスの一括発注である．伝統的な公共発注の特徴である分離発注に対する一括発注である．具体的には，設計と施工を一括して発注する「設計施工一括発注」があげられる．施工会社が持つ独自技術や工法を設計に反映しやすいことが設計施工一括発注のメリットだ．独自技術や工法を熟知した設計者が設計するので，施工の進行がスムーズである．その分のコスト削減と業務品質の向上が期待できる．

　総じて，プロジェクトマネジメント（PM）の活動が容易になる．例えば，工程間の融通を利かせ全体最適を図ることができる．天候やトラブルをはじめ想定外の事象に対し，業者間の意思疎通が容易なので，摺り合わせに必要なコミュニケーションのコストも下がる．不良率低減など品質向上や納期短縮も期待できる．施工等において，機能を落とさずコスト低減に資する代替案を提案する「バリューエンジニアリング（VE）」の技法にも通じる．

　施工と維持管理の組み合わせにも VFM の源泉を見出すことができる．公共主体が施工を発注する際は，維持管理にかかる手間が最小になるようなレベルを求める傾向がある．PFI において施工と維持管理が一体化すれば，将来の維持管理と施工を合わせたプロセスでコストの最小化を狙うようになる．維持管理を担う者が施設整備も併せて担えば，後々維持管理しやすいよう設計に織り込むようになる．

　水道事業であれば管路の更新と修繕の一体化が効果的だ．現状の包括委託では原則として更新を含む資本的支出は自治体の担当，修繕費など収益的支出が受託業者の担当となるケースがほとんどである．この役割分担を民間側から見ると，修繕にかかるコストが管路更新の進捗に左右されるので見込みにくい．更新と修繕の両方を担い，需要動向を見据えつつ，恒久措置が必要な個所には更新，そうでなければ修繕と使い分ける運用は，上下水道など長期にわたるアベイラビリティ（可用性）の確保が必要な社会インフラで特に有効だ．

　以上のように，分離・分割発注の制約から外れることで，民間の「技術的能力」の発揮の可能性が高まる．見方を変えれば，制度的制約に関係なく技術的能力の発揮の余地が残されてないケースはその限りでない．設計・施工一括発注においては道路・治水等など協議，地質，埋設物，災害その他想定外の事象が多く民間の裁量で進めることが難しい例もこれまで報告されており，案件の特性に応じた柔軟な対応が必要である [1]．

3.2.3　複数年契約

> 伝統的な公共発注の単年度契約の原則に対し，PPP/PFI は複数年契約を旨
> とする．VFM の源泉には，引継ぎコストの削減，知見の蓄積による業務
> 品質の向上，長期投資が可能になることによるイノベーション創出効果の
> 3 つがある．

　伝統的な公共発注制度の下，維持管理・運営プロセスにおいて，公的主体が民間事業者に発注するときは原則として単年度契約である．それに対し，PFI では複数年契約が原則となる．公的主体が SPC に発注するにおいても複数年契約と言えるが，より厳密に言えば SPC が実作業を発注するにあたっての複数年契約である．

　VFM の源泉は 3 つの側面から説明できる．まずは引継ぎコストの削減である．単年度契約において，次年度受託者が前年度の受託者から業務を引継ぐにあたって引継ぎ手続きと習熟に必要な人と時間が必要になる．PFI 手法の下，単年度ではなく複数年度にわたって担うことで，引継ぎ手続きと習熟に必要な人と時間が皆減し，その分のコスト削減が見込まれる．

　次は，知識と経験が複数年にわたって積み重ねられることによる学習効果である．年数の経過とともにミスや手戻りが少なくなるとともに，新たなコスト削減策やサービスの工夫が生まれる余地が拡大する．これは，1 つ目に挙げた引継ぎコストの削減とまとめて「経験効果」と言うこともできる．経験効果はコスト削減と業務品質の向上すなわちサービス向上に現れる．

　最後は，長期にわたる受託期間が確保されることで，業務改善等に寄与する独自の設備，システム投資が可能になることによる効率化効果である．業務改善，サービス向上に繋がる設備投資，システム投資をしようにも，その耐用年数が受託期間を上回ると投資を回収できない．新たな設備投資，システム投資を促すには回収期間を上回る契約期間が必要である．複数年契約は民間企業の独自の設備，システムの導入を促す．こうした取り組みによって，維持管理・運営のコスト削減及びサービス向上を見込むことができる．イノベーション創出効果と言い換えることもできる．

3.2.4　包括契約

> 公共施設の運営と併せ，親和性の高い他の公共施設や収益施設の整備・運営によるシナジー効果が VFM の源泉になる．施設の満足度向上だけでなく，共用部分の設定や収益施設の併設による公的負担の低減が見込まれる．

　ここで包括契約とは，本来の公共施設の整備・運営事業に加え，他の公共施設あるいは収益施設にかかる整備・運営事業を包括的に担う契約を言う．複数事業を併せて実施することによるシナジー効果が VFM を産生する．

　シナジー効果による VFM として考えられるのは第一に施設そのものの魅力，ひいては住民の満足度の向上である．民間事業者でなければ不可能というわけではないが，図書館，公民館と市民ホールの組み合わせなど親和性が高い施設を複合化することで利便性が高まる．

　第二に，それぞれ単独で整備するより共用部分に相当するだけの節約効果を見込むことができる．施設管理スタッフも共有できるので，この分の経費削減もある．整備，維持管理・運営において集約化の効果が期待できる．

　第三に，サービス購入料が利用者数によって増加するインセンティブ契約があるケースで顕著だが，魅力向上によって利用者が増え，もって公的主体が収受する利用料金が増えることで事業の純コストの低減が見込まれることが挙げられる．純コストの低減が公的負担の低減に繋がる．

　第四は，収益施設の収益還元による公的負担の低減である．たとえば有料道路の維持管理・運営を考えると，サービスエリアの商業施設を併せて運営することで，商業施設の収益の一部を有料道路の維持管理費に充当することができる．図書館にカフェ等を併設するケースでは，カフェそのものが図書館の魅力向上に貢献し，来館者を増やすことが期待できるとともに，カフェの収益を図書館の維持管理の一部に充当することで，図書館に対する公的負担を減らすことも考えられる．

　下水道事業にかかる PFI の場合，下水処理の副産物である汚泥を利用した肥料事業や，余熱を利用した温水プールなどを併営することが考えられる．収益活動に明るい民間事業者が付帯事業を提案．付帯事業で得られる収益を維持管理費に充てることで公的負担の抑制に繋げる事例は少なくない．

3.2.5 リスク対応

> 発注先との関係において，伝統的な公共発注が短期・不安定な関係である
> のに対し，PFI は長期継続的である．長期継続的な関係に基づくガバナン
> スで抑制可能な整備，維持管理・運営の追加支出が VFM の源泉となる．

　「PFI 事業におけるリスク分担等に関するガイドライン」には，「リスクを最
もよく管理することができる者が当該リスクを分担する」とある．民間事業者が
分担すべきリスクとは何だろうか．VFM との関係でいえば，まず，政治・規制
リスク，イベントリスク，事業リスクのうち，対象となるのは事業リスクである．
事業リスクには完工リスク，維持管理・運営リスク，需要リスクがある．

　第一に，完工リスク，維持管理・運営リスクとは，施工不良など品質リスク，
コストオーバーラン，タイムオーバーランの 3 つ，一言で言えば QCD（品質，
コスト，納期）のリスクであり，その実体はこれらを原因とする追加支出である．
リスク対応行動には回避，低減，共有及び保有の 4 種あるが，VFM に関係する
のは低減または保有である．つまり冒頭の「リスクを最もよく管理する」とは，
民間事業者が得意分野の知識経験を生かして，QCD に起因する追加支出の発生
可能性や発生時の損失拡大を公共主体よりも巧みに制御するということに他な
らない．民間事業者が対象事業について元々得意分野であること，長期・継続的
な関係を持つ傘下事業者に対するガバナンスが利くことが，制御が巧みである
ことの根拠となる．

　収支計算書上，リスクは，伝統的な公共調達の下で見積もられた事業全体にか
かる予算において，内訳科目毎に潜ませたバッファ，あるいは予備費として現れ
る．PFI の枠組みで民間事業者は，これまで説明した性能発注，一括発注，複数
年契約の条件下，コスト削減の工夫を事業計画に織り込むことで事業予算の圧
縮を図ることができる．これを契約条件による VFM とすれば，リスク対応によ
る VFM とは，民間事業者（SPC）と整備・維持管理の実務を担う業者（EPC,O&M
業者）に対するガバナンスが強化されることによって，事業予算に組み込まれる
バッファや予備費が低減することである．

　VFM 源泉としてのリスク対応を論じるうえで，伝統的な公共発注と PFI の本
質的な違いは事業全体，とくに整備・維持管理の実務を担う業者（EPC,O&M 業
者）に対するマネジメント主体にある．伝統的な公共発注は公共主体であるのに

対し，PFI は SPC すなわち民間事業者である．マネジメント主体が公共主体の場合，発注先は一般競争入札が原則となる．オープンな市場から幅広く募集し，総価が最も安いところに発注する．発注先とは短期的，偶然的な関係であり，一見取引である．対して，民間事業者の場合，発注先は長期・継続的な取引関係をもった協力会社のケースが多い．価格決定は見積り合わせで行う．入れ替えはあるもののある程度固定した関係の協力会社と基本約定書を締結し，個別案件の発注は簡素である．協力会社の下請として工事会社が系列化されている．協力会社をまとめて組織化し，共通の事務手続きと専用システムを導入するケースもある．体系的な研修制度をもつ例もある．

　そのうえ，伝統的な公共発注の下では，社会政策的な意味合いから様々なレベルの業者に発注する．施工管理能力が高くない業者もいることから，そうした業者にはより一層の注意をもって工程管理あるいは安全確認を監督者である発注者が実施しているのが実態だ．監督に従事する職員の人件費は，公共発注に関する完工リスクが顕現したものと言えよう．

　PFI による発注に転換すれば，一定の施工管理能力を維持した協力会社に対して発注することになる．仮に，工事品質等に問題が生じるなどした場合，次回の見積り合わせの依頼が来ない等のペナルティが課されるなど事情によって，施工管理能力を高く保つ努力をすることになる．その分，発注者の監督業務にかかるコストを減らすことができる．これがリスク対応行動によるコスト削減の実際である．

　第二に，完成後の需要リスクとは，当初計画通りの運営ができず，稼働低迷し赤字となるリスクである．伝統的な公共調達の下では，民間に比べれば集客力に劣る分，事業につぎ込むキャッシュ補てんの額が大きく見積もられている．これが需要リスクに関するリスクバッファの実体である．

　それに対し，対象事業を得意分野とする民間事業者が，持てる知識経験を生かし十分な稼働水準を維持することで，運営が不得手な者に比べ高い収益水準を保つことができる．民間企業の集客に関する知識経験をもって公的負担を抑制気味に，すなわち利用料金を高めに見積もることができる．この，不得手な者または通常の者の運営と，得意な者の運営の収支の差がまさに VFM の源泉である．リスクをよく管理することができるとは，予算ベースでバッファや予備費の見積りを極力少なくできることである．「自信の表れ」とも言えよう．

3.2.6 競争

公共発注特有の非効率性の解消が VFM の制度的条件．発注先との関係性
の変化によるガバナンス強化が VFM 創出行動の条件であるのに対し，競
争原理は VFM 発揮の動因と位置づけられ，VFM 実現を規律付ける役割が
ある．

　競争原理も VFM の源泉のひとつである．これまで説明した発注制度の転換に
よる VFM の源泉は，VFM 発揮の条件と位置づけられる．言い換えれば，これ
はあくまで条件に過ぎず，この条件を生かして実際にノウハウを適用し VFM が
生じるかは別の論点ということである．発注制度が VFM の条件とすれば，競争
原理は VFM の動因と位置づけることができよう．

　図 3-6 は，PFI のプロセスと VFM の種類を示したものである．民間事業者の
公募前後で見ると，公募の前には特定事業選定に伴う VFM がある．この段階の
VFM は，検討対象の整備等案件が PFI にふさわしいかを評価するための指標と
なる．特定事業選定時 VFM は，整備案件にかかる債務負担行為を議決するにあ
たって，期間全体の支払予定額を決めるためのものでもある．

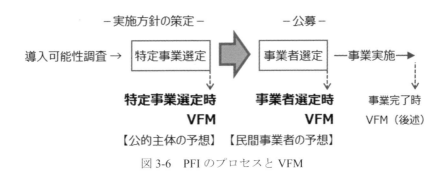

図 3-6　PFI のプロセスと VFM

　公募の後には事業者選定時 VFM がある．PFI 導入の意思決定の後，事業者を
公募する．応募者はそれぞれ独自の工夫を反映した VFM 水準を提案する．そし
て，複数の応募者の中から最も優れた提案の事業者が選定される．この事業者が
想定した VFM が事業者選定時の VFM である．

　特定事業選定時 VFM と事業者選定時 VFM はいずれも「予想」である．相違
点は，特定事業選定時 VFM が発注側の公的主体の予想であるのに対し，事業者

選定時 VFM は受託側の民間事業者が予想したものということだ．

　図 3-7 は，日本 PFI・PPP 協会「PFI 年鑑」[2] 所蔵のデータを基に，特定事業選定時 VFM と事業者選定時 VFM の分布を比較したものである．国，独法によるものを含む約 800 の PFI 事例のうち，特定事業選定時 VFM と事業者選定時 VFM の両方を把握できた 378 を対象としている．これによれば，事業者選定時 VFM が特定事業選定時 VFM を下回ったのは 42 事例で，残りの 336 事例は事業者選定時 VFM のほうが高かった．上振れ幅の分布の中央値は 8 ポイント前後で，元々の VFM 水準による違いは窺えなかった．

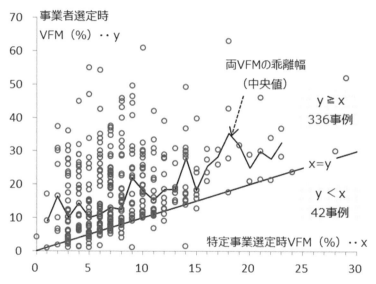

出典：特定非営利活動法人日本 PFI・PPP 協会「PFI 年鑑」[2]　所蔵の VFM データから筆者作成

図 3-7　特定事業選定時と事業者選定時の VFM のばらつき

　特定事業選定時 VFM が控えめの見積りであるのに対し，事業者選定時 VFM は特定事業選定時 VFM に比べて上振れしており，上下のばらつきも大きい．視点を変えれば，事業全体の総コストは債務負担行為すなわち「予算」ベースでは大きめに，落札時の総コストは総じてそれを下回っている．この上振れ幅は，公共主体が予想する以上の民間の工夫が引き出され，提案価格に織り込まれたこと，競合他社を意識した戦略的な値下げがあったことを示唆している．

3.2.7　モニタリング

> モニタリングは事業の実施期間にわたって競争に代わる規律付け効果を発揮し，VFM 実現の重要な要素となる．立場によって公共施設に対する利害関係が異なるので，これらを反映したモニタリングの組み合わせが必要となる．

　前項で述べた通り，検討段階の VFM に対する上振れ幅を最大化するのは競争関係である．狭義の VFM すなわち公的負担の抑制幅は事業者選定の段階でほぼ確定する．維持管理・運営プロセスにおけるインセンティブ・ペナルティの加減はあるが，この段階で公的主体の支払額の大部分は確定し，これより先，赤字補てんの文脈で公的主体が追加支出することはない．視点を変えれば，リスクは民間事業者に移転する．

　他方，PFI の目的である低廉且つ良好な公共サービスに照らせば，公的負担の水準が伝統的な公共調達を下回るだけでは不十分だ．必ずしも定量評価で示されない定性的なサービス向上はもちろん，事業全体のコスト削減が実現したか，言い換えれば民間事業者の提案が成就したかも重要だ．

　周辺に競合施設があるならともかく，公共施設の特性として元々競争関係が乏しいケースも少なくない．事業期間を通じたコスト削減効果が当初見通し通りに実現するための規律付けが必要だ．つまり，モニタリングは事業開始後に競争原理に代わり緊張関係を保つ役割がある．事業実施段階の VFM を最大化するとも言い換えられる．

表 3-2　VFM の区分

	特定事業選定時 VFM	事業者選定時 VFM	事業完了時 VFM
何に基づくか	アドバイザーの見積り	事業者の提案	事業実績
公的負担額の性質	予想値	予想値/実績値 s	実績値 f
事業全体の純コスト	予想値	予想値	実績値

　表 3-2 で述べた通り，特定事業選定時 VFM，事業者選定時 VFM でいう公的負担額はいずれも予想値である．違いは前者がアドバイザーの見積り，後者は民間事業者の提案に基づくことだ．他方，事業者選定時 VFM は公共主体から見れば実績値でもある．この先の赤字補てんがないことが原則だからである．

　言い換えれば公的主体の追加支出リスクは事業者選定時で「ほぼ」固定される．維持管理段階における民間事業者の不備によるペナルティ，公的負担額の減少の可能性が残るので，事業完了時に確定した公的負担額と事業者選定時に想定した公的負担額も異なる可能性がある．表 3-2 ではそうした意味を込めて実績値 ^{s} と実績値 ^{f} で区別している．とはいえその差は大きくない．

　事業完了時 VFM において意味があるのは公的負担額よりむしろ事業全体の純コストである．事業者選定時 VFM において官民合わせた事業全体の純コストについてはまだ予想の段階である．事業完了時の VFM で着眼するのは事業全体の純コストの削減幅である．事業全体にわたる公的負担の削減率を意味する VFM が想定するものとは厳密には異なる．公的負担が契約時点で確定するからだろうか，関心を持たれることがあまりなく，実際に推計されるケースは極めて少ない．事業者選定時の VFM があくまで事業者の提案に基づくものであることを考えれば，提案通りにコスト削減効果が実現しているかを検証するために事業実施完了時の VFM の把握が必要だ．

表 3-3　公共発注ケースと PFI ケースにおける官民連結収支の比較

| | 公共発注ケースの収支見込 | | | ＰＦＩケースの収支見込 | | | 増減 |
	親会計	運営会計	事業全体	公的主体	ＳＰＣ	事業全体	事業全体
総収益	0	450	100	0	650	150	50
利用料金	0	100	100	0	150	150	50
繰入金/受託料	-	350	(350)	-	500	(500)	(150)
総費用	725	450	825	510	642	652	-173
維持管理・運営費	0	400	400	0	320	320	-80
減価償却費	250	0	250	0	225	225	-25
支払利息	25	0	25	0	27	27	2
予備費（リスク料）	100	50	150	10	70	80	-70
繰出金/委託料	① 350	-	(350)	③ 500	-	(500)	(150)
差引	-725	0 ② -725		-510	④ 8 ⑤ -502		⑥ 223

事業全体の純コスト＝公的負担額　公的負担額　事業全体の純コスト

　表 3-3 は，現在価値に修正する前の，収益，費用及び差引を示した表である．左側は伝統的な公共発注を想定した収支見込である．自治体の直営ケース，すなわち自治体の一般会計のような親会計で資金調達し，維持管理及び運営を施設の運営会計に計上するケースを想定している．予備費はリスク事象が生じた際に親会計が負担する賠償金等である．リスク対応行動にかかる人件費等予算は親会計と運営会計の両方に計上している．運営会計は収支均衡を保つため親会計からの繰入金を受け入れている．

　右側は PFI を想定した収支見込である．まずは民間の集客力が奏功し利用料金が増える．維持管理・運営費は経験効果によって低減．減価償却費の合計すなわち整備費は，民間事業者のコスト削減ノウハウが一括発注の条件下で発揮されることで低減すると見込んでいる．官民金利差によって支払利息は増加し，予備費は，民間の得意分野が生かされ，且つ，参加業者に対する規律付けの強化などリスク低減策によって低減が見込まれるものとした．リスクは SPC がすべて負担するものとするので SPC 会計のみに計上される．競合を意識した値付けによって，公的負担額は 500（表中③）と提示されたケースを想定した．

　VFM を計算するにあたって，公共発注ケースの公的負担額は繰出金の 350 ではなく，事業全体の純コスト 725（①）である．公的負担額と事業全体の純コストが同じである．PFI ケースの公的負担は 500（②）である．公共発注ケースに比べ公的負担は 225（725-500）低減したことになる．

　次に，低廉且つ良好な公共サービス提供の実現度合いで着眼するのは事業全体にかかる純コスト，すなわち事業全体のコストから利用料金を控除した数値である．これが公共発注ケースに比べ PFI ケースでどれだけ低減したかが評価のポイントである．表 3-3 における公共発注ケースの 725（②）と PFI ケースの 502（⑤）との比較である．PFI ケースの純コストの 502（⑤）は，公的負担としてのサービス購入料に公共主体に計上される予備費（公共主体に残るリスク料）を加算し，SPC の利益（④）を控除した額でもある．ここから，表中の事業全体の純コストの低減幅は 223（⑥，725-502）だった．

　最後に，モニタリングの着眼点に合ったモニタリング主体が必要なことについて述べる．まず，モニタリングはその主体によって 3 つに区分される．はじめに，SPC が管理会計の延長として行うセルフモニタリング．次いで，発注者が性能要件の実現を検証する発注者モニタリング．そして，金融機関が実施する金融

機関モニタリングがある.

　第一に,セルフモニタリングは自らのリスク対応行動を発揮するために必要である.直接的には,自らの利益,表 3-3 の④を最大化することに最大の関心がある.第二に,発注者モニタリングは当初の性能要件を満たしているか,資金ショートの兆候はないかの着眼点でもモニタリングをしている.利害関係から言えば最大の関心事は公的負担,表中の③である.しかし,事業者との契約の時点で原則として確定しており,リスクが固定しているため検証の動機は大きくない.実際,事業実施の VFM を把握するケースは少ない.

　第三に,金融機関モニタリングとは,一般論で言えば,資金ショートによって事業停止することのないようとりわけ財務面に着眼し,危機の兆候が見られた場合には経営支援,場合によっては経営者交代を迫るなどの対応行動を期待するものである.金融機関モニタリングは,その主体の金融機関が事業者に融資する主体か出資する主体かによって異なる.融資で重要なのは安全性なのに対し,投資で重視するのは成長性だ.融資主体は,SPC の利益が融資の約定弁済額をカバーしているかどうかに着眼する.他方,同じ金融機関でも投資会社は SPC の利益の成長に関心がある.したがって,融資主体と同じく表で言えば SPC の利益を示す④に着眼してもその対応が異なる点に留意が必要である.

　第四は,公共調達ではなく PFI を選択したことに関しての正当性を検証するモニタリングである.現状のモニタリング体制を見ると事業全体の純コスト,図中の⑤に着眼する主体がない.事業が当初提案通りに低廉且つ良好なサービスの下で提供されているか,自治体直営ではなく PFI を選択したことが正しかったかを検証するには,表中の⑥と,事業継続中から完了後にかけて実際の事業全体の純コストを比較しなければならない.ここに最大の関心を持つべき主体は,公共施設に関する納税且つ公的サービスの受益者である地域住民.あるいは地域住民から付託された公共主体が関心を持つべき着眼点である.

　モニタリングの着眼点のうち何を優先するかはモニタリングの主体によって異なる.地域住民の利害を代表する主体として,セルフモニタリング,発注者モニタリング,金融機関モニタリング以外の第三者モニタリングが必要だ.現状,第三者モニタリングはセルフモニタリングに対する専門的助言に留まるケースが散見される.趣旨に照らせば他の 3 者から独立した監査権限,資料請求権限が与えられるのが適っている.

3.3　VFM の阻害要因と価値向上の条件

> 7 つある VFM の源泉を阻害する要因は，概ね過度な民間企業への要求，
> 柔軟性の欠如，情報開示の不徹底などに大別される．ノウハウのある職
> 員・アドバイザーで構成される発注チームを構築することが肝要である．

　VFM の阻害要因は数多くある．特に大きな要因は表 3-4 に示したものであろう．本図では，表 3-1 で示した源泉に対応した阻害要因をいくつか列挙している．

　1 つ目に挙げられるのは「過度な要求水準・行政モニタリングに伴う選択肢（工夫の余地）の縮小」である．SPC が遵守すべき KPI (Key Performance Indicators) 等を設定する性能発注では，達成プロセスは自由という契約を結ぶのが通例であるが，実態にはそうなっていないのが現状である．例えば，社会資本の各アセットクラスには公共側で定められた事業法や施行規則，ガイドラインなどが存在しており，KPI 達成とは関連のない業務が多数ある．これらのものが性能発注の前提となっているケースが散見される．公共側運営時のサービス水準を保つため，これらを前提とするのは正しい考えであるように思われるが，ガイドラインなどはあくまで推奨されているものであり公共側直営時に必ずしも遵守されていない．こうしたガイドラインまでも民間側運営時の要求水準とすることは望ましくないものと考えられる．公共側の直営時に比べ施策の選択肢の幅が狭まってしまうためである．

表 3-4　VFM の源泉の阻害要因の例

		源泉	阻害要因
発注制度	1.性能発注	選択肢（工夫の余地）の拡大	
	2.一括発注	分離・分割発注の非効率の解消 QCD向上ノウハウの適用可能性の向上	・過度な要求水準・行政モニタリングに伴う 　選択肢（工夫の余地）の縮小
	3.複数年契約	単年度契約の非効率の解消 引継ぎコスト低減　学習効果 イノベーション創出効果	・外部環境変化に対する柔軟性の欠如 ・不適切な業務範囲の設定
	4.包括契約	併設施設とのシナジー効果	
事業主体	5.リスク対応	得意分野の知識経験を活かした確実性の向上 傘下業者へのガバナンス強化によるリスク抑制	・情報開示の不徹底 ・不適切なリスク分担の設定
規律づけ	6.競争	競合を意識した工夫の動機づけ 戦略価格の設定	・公平性の不徹底 ・上記の阻害要因の全て
	7.モニタリング	競争に代わる規律付け	

　この点は，行政モニタリングも同様である．モニタリングは行政の監査部門と現場部門の間で阿吽の呼吸で実施しているのが現状といえる．事業法や施行規則，ガイドラインなどで定められている細かい規定を効率性の観点から一部省くことを許しているケースが散見される．しかし，官民間の契約ではこのような一部モニタリングの省略は適用されない．したがって，民間委託したほうが過度なモニタリングとなり，民間ノウハウの活用余地が少なくなるケースが見受けられる．

　上記のようなケースを生じさせないためには，ガイドラインの中での遵守すべき事項の明確化や直営時の際にあえて曖昧にしていたモニタリングの民間への非適用などが必要となるだろう．

　2つ目に挙げられるのは「外部環境変化に対する柔軟性の欠如」である．一括発注・複数年契約の内容は，契約時，つまり事業運営前に締結される．その後，リーマンショック等誰しもが予想しえなかった事象が発生した場合，事業運営前に締結された契約内容では，SPC が予定していたノウハウの活用が実行できなくなる状況に陥ることがある．そのリスク負担は民間にあるといってしまえばそれまでだが，このことにより事業が頓挫してしまえば，全体の VFM は著しく毀損される．契約変更となるようなトリガーとなる事象をあらかじめ設定しておき，そのような事象が発生した場合には官民間で契約内容変更を視野にいれた協議が可能となるよう契約を結ぶべきであろう．ここで重要なのは契約変更となるようなトリガーとなる事象をしっかりと定義することである．設定した事象以外では契約変更協議とならないので，民間サイドにとっては諸刃の剣であるが，VFM を死守するという観点からは設定したほうが望ましいものと考えられる．よく見られる定義としては，顕在需要が予測値の○％以上もしくは以下となった場合，物価が予測値の○％以上もしくは以下となった場合，などである．

　「不適切な業務範囲の設定」及び「不適切なリスク分担の設定」も VFM を著しく毀損する．通常，官民間の業務範囲・リスク分担は，原則ノウハウ活用ができる，もしくはリスクコントロールできる側にその業務・リスクを分担するのが通例である．しかし，過去案件では，そのような原則に則っていないケースが散見される．例えば，ある施設の運営委託案件では，公共側が政策的に他都市支援

を行っているため，民間受託者の業務範囲に当該施設の運営だけでなく他都市の同種施設の緊急時支援を行うことが含まれていた．当然，他都市施設の運営は当該都市の所管部局が実施しており，民間受託者がリスクコントロールできる余地はない．公共側はこの支援業務をすべて実費精算で賄うことを想定しているものと思われるが，それでは直営時と状況は変わらず VFM の源泉にはなりえない．民間受託者側としては他都市の施設運営の状況がわからず，且つ，行政サイドの実費精算の確実性を測ることができないため，SPC にリスク対応としての多額のキャッシュを積まざるをえない．つまり，予備費（リスク）を上積みすることとなり，VFM を著しく毀損することとなる．このような事態を避けるためにはやはり，ノウハウ活用ができる，もしくはリスクコントロールできる側にその業務・リスクを分担する，という原則を遵守することが基本といえるだろう．

　予備費（リスク）を増大し，VFM を大きく毀損するもうひとつの大きな要因として「情報開示の不徹底」が挙げられる．これは特に公共の既存事業を民間が承継するブラウンフィールド案件において見られる．このような案件では，民間委託時において過去の運営に関する情報をブラックボックス化しているケースが見受けられる．また，そもそも情報を保存していなかったために，民間側に事前に提供できる情報が少ないケースなどがある．このような場合，民間サイドがとれる行動として挙げられるのは，見えないリスクのために多額の予備費（リスク）を上積むことである．多額の予備費（リスク）は VFM を毀損することとなる．このような事態を回避するためには，行政側は民間事業者が望む情報を真摯に提供し，民間サイドがリスクの大きさを計測できるようにすることが必須である．過去に望ましくない運営を行っていたとしても開示する必要がある．再調査などが伴い発注コストの増大を招くことが予想されうるが，見えないリスクのために積む民間サイドの予備費（リスク）に比べれば微小である．民間サイドのデューデリジェンス能力の不足により見過ごされるケースもあるが，その先に待っているのは事業全体の破綻であり，こちらも VFM を大きく毀損する．ブラウンフィールド案件では，民間サイドがリスクの大きさを計測できるような，行政側の徹底した情報開示と再調査が必須事項と考えられる．

　VFM 源泉の大きな要因の１つに競争性があることは前節で記述したが，これを阻害するのが，「公平性の不徹底」である．例えば，ブラウンフィールド案件

では，既存事業の協力会社や関連する公共第三セクターなどが多くの情報を手にしている．このような主体が入っている，もしくは協力しているコンソーシアムは「勝ち組コンソーシアム」と呼ばれ，他の新規参入事業者のモチベーションを著しく落とす．入札参加者が減少すると競争性に伴う VFM の源泉は毀損される．特に極端に低価格を提示する傾向にある新規参入者がいなくなることの影響は大きい．このような事態を回避するためには，すべての事業者が平等となるよう徹底した情報開示を行い，且つ，可能ならばこのような団体（特に情報を有している関連第三セクターなど公共側団体）を接触禁止団体として設定するなどの処置が必要となるだろう．

　ここまで VFM を毀損する様々な要因を挙げてきたが，これらはすべて民間サイドの入札参加者の減少に繋がる事項である．「過度な要求水準・行政モニタリングに伴う選択肢（工夫の余地）の縮小」は民間サイドのノウハウ活用余地を少なくし，民間事業者の参入モチベーションを毀損する．「外部環境変化に対する柔軟性の欠如」「不適切な業務範囲の設定」「不適切なリスク分担の設定」「情報開示の不徹底」なども民間サイドにとっては事業リスクを大きくする事象であり，これらによりリスクの許容幅を超えたら民間事業者は参入検討を中断することとなる．したがって，これらの阻害要因を除去することは競争性に伴う VFM を大いに向上させることに繋がる．

　こうした対策を行っていくためには，発注チームに経営・財務・法務・保険・エンジニアリングなどそれぞれの分野において経験者がいることが必須である．さらにこれらの経験者は，公共側・民間側双方の視点をもっていることが望ましいだろう．片方の論理だけに精通したチームでは，対話などのプロセスにおいて適切な妥協点を見出すことは困難である．したがって，公共側は，人事制度に様々な制約がある中，民間事業経験者を中途採用することが必要であろうし，経験のある各分野の入札アドバイザーの登用が必要であろう．入札アドバイザーも公共・民間のどちらかに偏っているケースがほとんどであるので，双方の経験をもつものを登用することが重要である．

3.4 VFM マネジメントによる価値創出

> VFM は，事業が生み出す価値を表現する指標であるが，事業期間全体を通じたステークホルダーの行動による価値創造マネジメント指標として用いることができ，VFM マネジメントによる価値創出が大きな効果をもたらす．

　VFM は，事業が生み出す価値を表現する指標であるが，その源泉と阻害要因をたどると，事業期間全体を通じたステークホルダーの行動によって大きく変化するものであることがわかる．すなわち，事業に対してステークホルダーが適切に行動し，事業価値を高める不断の努力をすることを目指したマネジメント指標として活用することができ，これを活かした VFM マネジメントによって価値を創出することが可能となる．

　まず，当該事業が提供することとなる公共サービスの価値を明確に捉えることから始める必要がある．事業計画や要求水準書などで事業当初の段階でこのことは記載されているものの，必ずしも具体性の高いものではないうえに，事業者決定時点や事業期間中に変化する可能性の高いものである．そのため，当該インフラの本来の公共サービス上の価値を再確認するとともに，民間の技術やノウハウを導入する理由となった中心的な創造価値内容を見極め，事業期間を通じてそれらが損なわれないようなマネジメントが必要である．それを堅持しつつ，一方で，社会環境変化や利用者ニーズ動向などをリアルタイムで捉え，また，戦略的に開拓することで，事業期間を通じた価値向上を目指すことも民間ノウハウを活かした PFI において強く望まれる．SPC は，異なるステークホルダーが集まって構成されていることが特徴であり，注意すべき要件として，これらが互いに価値を生む行動をするような体制とすることが挙げられる．直接的な利害関係は頻繁に起こることはないとしても，複数の目的がある場合の重点の置き方は異なってくる可能性は高い．このことをできるだけ回避するために，異なるステークホルダー間で公共サービスの価値を共通認識として共有することによって，組織としてのマネジメント対象を明らかにすることが求められる．

　長期にわたる事業期間中に事業環境が変化し，公共サービスのニーズやそれに対する提供手法も流動的であるので，公共サービスの利用者の立場から捉えることを基本スタンスとして，機能ベースでの点検作業とそれを達成するさま

ざまな手段の代替案を検討する枠組みが必要である．バリューエンジニアリングは，この手法として考えられるものである．

　バリューエンジニアリングの主たる作業としては，現実的には，ライフサイクルコスト削減を目指すものとなることが考えられる．事業期間中にひとつの組織が維持管理運営するメリットを活かして，事業期間を通じた戦略的なコスト削減手法を採用する．本章で整理した VFM の 7 つの源泉もコスト削減となるものが多い．ただし，本来のバリューエンジニアリングは，それに加え，価値を高める技術の開発・導入や事業スペックの変更を適切なタイミングで行うことが求められる．それらの検討が事業期間中に行われ，努力する方向性を示すのがVFM であり，すべてのステークホルダーが，VFM を高めるためにどのようにすべきかという観点から進めていくことが重要となる．なお，ライフサイクルコストの定量化は進んでいるものの，品質に関わる価値の定量化は困難である場合も多い．しかし，行政サービスのアウトカム指標化やインフラによる社会インパクトへの関心の高まりなど，行政のサービスの価値把握への取り組みは進んでおり，また，事業者決定時の総合評価における加点項目比率も十分に高い例が見られることから，コストが増加してもそれ以上に価値が高まる提案を積極的・継続的に行う体制やパフォーマンスをマネジメントの重要な対象とすべきであることは改めて確認しておきたい．

　一方で，VFM の阻害要因は，できるだけ事前に具体的に把握され，リスクへの対応手法や責任の所在，実際のリスク対応方法の実施とチェック・フィードバックが行われるための有効な情報となる．価値創出と同時に，マネジメントのリスク管理からの側面として，事業の重要な役割として位置づけられるべきである．価値創造のための提案は，新たなリスクや未知なるリスクを伴うことも多く，一方で，これまでのインフラ事業で用いられた手法以外の導入可能性も秘めており，主にコスト管理行動と捉えがちなリスクマネジメントも，思い切った価値向上提案を誘発するためにも重要であると考えた方がよい．

　バリューエンジニアリングの手法を援用し，VFM という指標を基軸としてこれらの作業を総合的に行う VFM マネジメントが，VFM の各源泉の価値を高め，阻害要因を除去していく効果的な事業運営に繋がる．

参考文献

1)　中洲啓太，中尾吉宏，田村央，島田浩樹，三輪真揮：実工事への適用結果等を踏まえた技術提案・交渉方式の手続実施方法の改善，土木学会論文集F4（建設マネジメント），Vol. 74, No. 2, pp. I_232-I_243, 2018.

2)　特定非営利活動法人日本PFI・PPP協会：PFI年鑑，2018.

4. VFM マネジメントの考え方と方法

4.1 VFM マネジメントの概念 [1),2),3),4)]

VFM は，可能性調査段階で評価されるだけでなく，PFI 事業者が選定され，事業が設計，施工と進んでいく中で，官民が一致協力して VFM そのものを向上させていくことが VFM マネジメントの根幹である．

　土木学会インフラ PFI/PPP 研究小委員会（以下，「当小委員会」という）では，VFM に関する様々な議論を行ってきた．VFM は，一般的には PSC と PFI-LCC との金銭比較によって行われる．このため，民間事業者によるサービスの提供水準が明らかに向上（Value が向上）することが予想される場合においても，両者の間に金銭的な多寡がなければ，VFM=0 と評価されてしまう．これは，可能性調査や特定事業選定の段階においては，まだ実現していないサービス提供の向上を想定して評価することは，きわめて恣意的な判断に繋がりかねないとの考え方によるものである．

　本来，PFI 事業化の前提として，民間の持つ経営力や技術，それらに関わる創意工夫やイノベーションなどの活用が期待されていたはずである．そこには間違いなくコストダウンだけではなく，Value の向上も期待されているはずである．しかるに，可能性調査段階において，コストダウンによる VFM の評価結果だけで PFI 事業化の判断をし，VFM が低いからといって PFI の導入を断念するのであれば，PFI 導入のメリットを享受できるチャンスを自ら摘み取っていると言わざるを得ない．

表 4-1　サービス向上を考慮した場合の Value 測定の可能性

	要求水準未達	要求水準達成	Value 向上
可能性調査段階	想定外	プラスの Value=0	予測不可，根拠無
事業者選定段階	失格	プラスの Value=0	測定可能
事業契約段階	不可	プラスの Value=0	測定可能
設計業務完了段階	是正処置	プラスの Value=0	測定可能
工事竣工段階	是正処置	プラスの Value=0	測定可能
維持管理運営段階	是正処置	プラスの Value=0	測定可能

　一方で，事業者選定段階において，民間事業者が要求水準を上回る提案を行い，これがオーバースペックではなく公共側として受け入れるべき提案であると判断された場合には，その定性的評価を加味して事業者が選定されることになる．すなわち，Value が向上することを少なくとも総合評価方式における点数で定量評価しているわけであり，このことは，表 4-1 に示すように，事業者選定後も同様に定量評価が可能ということである．

　これらのことは，図 4-1 に示すように，コストダウンでの VFM に加え，Value が向上するという面でも VFM を加算できるという意味であり，後者は金銭換算ができないとしても，パーセンテージでは表現できるものと思われる．（「4.3 各段階における VFM マネジメントの具体的実施事例」で詳述する.）

　このように Value の向上が定量評価できるのであれば，PFI 事業者が選定され事業が進んでいく中で，官民が一致協力して VFM そのものを向上させていくことが肝要となり，その実践こそが，VFM マネジメントの根幹である．当小委員会では，その仕組みを提案し実践を促していくことが，可能性調査段階での VFM を精緻に計算することよりも重要なことであると認識している．

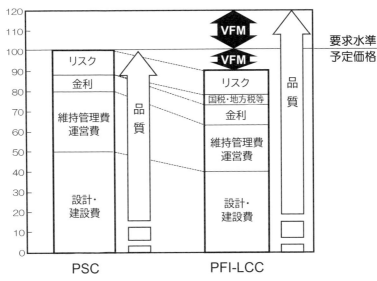

図 4-1　Value が向上した場合の VFM

出典：渡会英明：PFI 事業における VFM の再定義，第 28 回建設マネジメント問題に関する研究発表・討論会講演集，2010 [3)]

4.2　VFM マネジメントのプロセス [5),6),7)]

4.2.1　企画構想〜基本計画段階

> VFM の向上のためには，事業のできるだけ上流部分から民間提案を受け入れ，民間事業者の持つアイデアやノウハウを活用できる体制を構築しておく．その際，民間提案には VFM の提示まで求めず，サービス向上を確認することが大切である．
>
> また，発注者側にとって PFI 導入の最初の判断を実施する段階であるが，VFM の簡易評価結果だけでなく，定性的評価を加えて総合的に判断することが VFM マネジメントの第一歩である．

　何らかの行政目的を達成するために複数の事業選択肢がある場合，それぞれの選択肢の Value や Cost が異なる場合には VFM 評価を行うことができる．もちろん，大前提として，そもそもそれらの事業の実施が公共性・経済性・緊急性等の観点から妥当であるかという判断が必要となることは言うまでもない．

　一方，これらの事業をより効率的・効果的に進めるためには，公共側からの事業発意だけでなく，民間側からの提案制度を活用することも有益である．既に，複数の自治体においては，民間発意による PFI 事業にかかる指針やガイドラインを独自に制定しているところもあり，既に一定の成果をあげている．

　重要なことは，これら民間発意の提案は，事業のできるだけ上流部分から受けることが効果的ということであり，公共側で事業の内容を事実上意思決定してしまった後では民間側から提案できる範囲が狭まってしまい，民間の持つアイデアやノウハウを活用するチャンスを失ってしまうということである．

　先進自治体の中では，今後数年の間で官民連携による整備の可能性がある事業のロングリストを公表している事例や，公共施設等総合管理計画や事業評価の結果から，対象になり得る事業の情報を年度ごとまたは四半期ごとに一覧表の形で公表している事例もあり，民間発意による提案を積極的に受け入れる環境を整備しているところもある．

　また，これら民間提案を受け付けるメニューを公共側から明示している場合に加え，公共側が想定していなかった事業についても提案を受け付けることとしている自治体の例もあり，民間提案制度の受け入れ体制については，自治体により異なる．

　このように，民間事業者の持つ豊かな発想が期待できる民間発意型提案制度は今後とも積極的に活用されるべきものであるが，PFI 事業実施プロセスに関するガイドライン（内閣府）や PFI 事業民間提案推進マニュアル（内閣府）においては，民間側からの提案を受け付ける際には VFM の提示を求めており，これに関しては，当小委員会でも活発な議論がなされた．

　そもそも，公共側から PSC に関する情報が提示されていない限り，提案者側で PSC や VFM を独自に算定することは困難であり，このことが，民間側の提案意欲を押し下げる要因になっているのではないかとの否定的な意見がある．

　実務に長け，理解のある自治体の中では，これらのガイドライン等の定めに依らず，従来の公共事業に比較してどのようなサービスの向上が図られるのかを定性的に提示するだけで VFM の定量的な提示は不要としている事例もあり，他自治体においても同様の考えで追随してもらいたいとの意見が当小委員会でも数多く出された．

　本段階は，PFI 手法の導入へ舵を切る重要な段階である．内閣府から優先的検討規程に関する手引き等が発行されており，平成 30 年 3 月末で人口 20 万人以上の地方公共団体では，8 割程度で策定されている．内閣府の手引きの中では，PPP/PFI 手法簡易定量評価調書の活用や簡易な検討の計算表を Excel 形式で配布して，企画構想段階での PPP/PFI 手法検討の可否を評価している．

　さらに事業類型別，事業主体別，応募者数別の VFM の傾向が記載されており，簡易に判断するためには重要な指標となりうる．

　また，削減効果等の定量的評価以外に定性的評価を加えることが望ましく，①性能発注の適正（創意工夫を期待する箇所やその効果，対象事業の中で性能発注が適さない業務），②事業者の競争性の可能性（応募グループが複数組成できるか），③一括発注の適正（対象業務の組合せが適正か，その効果として創意工夫が可能か），④スケジュールの観点（開業必須時期と PFI 公募必要期間との関係），⑤補助制度や起債（充当にあたっての懸念事項），⑥賑わい創出への貢献，まちづくりの観点等も加えて評価しておくことによって，次の段階以降の指針ともなり，VFM マネジメントの第一歩と考える．

4.2.2 可能性調査～実施方針公表段階

> VFM の向上は，公共側と民間事業者との積極的な対話によって，情報収集と情報提供の両面から当該事業の参入意欲を高めることができる．決して，精緻な VFM を求めるためにサウンディングを行うものではない．

　可能性調査段階においても，官民対話を積極的に実施する中で事業の中味を詰めることが有効である．その手順としては，発注者としての事業に対する意思を示す要求水準書（素案）を作成し，これを具体化した例として基本計画（ハード＆ソフト）を提示する．

　これを基に，民間事業者との対話を行うことによって，その事業の具現化の可能性について把握を行うことになる．

　なお，公募時に発注者側から参考データ（地質データ等）が示されることがある．こうした参考データの取り扱いについては，章末の注1を参照のこと．

　【サウンディング調査の実施】

　近年，サウンディング調査という形により，事業内容や事業スキーム等に関して，直接の対話により民間事業者の意見や新たな提案の把握等を行うことが増えている．対話結果を踏まえ，さらなる民間事業者のノウハウ発揮の拡大余地やリスク分担の見直し等を検討することにより，VFM 向上の可能性を高めることができる．

　また，対象事業の検討を進展させるための情報収集及び対象事業の検討の段階で広く対外的に情報提供することにより，当該事業への民間事業者の参入意欲の向上を期待するものである．これにより，民間事業者は正確に事業内容やリスク等を把握することができるようになることから，より多くの民間事業者が参画することが望め，ひいては VFM の向上に繋がる可能性が高い．

　【実施方針公表後の質問回答】

　公共側は，必要に応じて提示した基本計画を適宜修正し，実施方針の公表となる．公表した実施方針等について，民間事業者からの質問を受け付け，それに対し回答することにより，事業に対する民間事業者の理解が深まり，結果として VFM 向上の可能性が高まる．可能であれば，複数回実施することが望ましい．また，提案書作成段階においても質問を受け付けることが有効である．

　なお，回答の作成にあたっては，民間事業者の提案の余地を狭めないよう，

留意が必要である．

【実施方針公表後の個別対話】

昨今は，この段階で民間事業者と個別対話を実施する地方自治体が増加している．対話によって情報の非対称性をできる限り解消することにより，民間事業者の事業費算出の精度が高まることが期待できる．

また，複数回の個別対話を行う場合，民間事業者の提案検討がある程度進捗した段階で実施することがある．この場合，サービス水準のさらなる向上が見込める提案や，オーバースペックな提案等を確認することができ，民間事業者が検討する事業費のさらなる精緻化が見込まれる．

なお，民間事業者との質問回答及び個別対話の結果を受けて，実施方針を修正する場合もありえる．

【VFMの算出の意義】

この段階において，PFIを実施するか否かだけで比較するVFMの算定であればVFM=0でも構わない．この段階のVFMが例えマイナスであったとしても，事業者が選定された後に如何にVFMを高める努力をしていくかが重要であり，可能性調査段階のVFMよりも実際に事業がスタートした後のVFMの方が重要であることは言うまでもない．

ある事例においては，VFMが小数点以下2位まで算定され，基準に0.5％程度満たなかったためPFI事業として採択されなかったという事案があった．小数点以下2位まで数字を出して，それに意味を持たせていることに少々驚きを感じたのであるが，可能性調査の段階においてVFMをどこまで精緻に出す必要性があるのか，大いに疑念が残るところである．

公共側が基本計画で算出した事業費について，民間事業者に削減率を回答させることはナンセンスであり，この段階においては，VFMよりも，事業スキームの善し悪し，官民のリスク分担，それらを踏まえた民間事業者の参画可能性等を把握することが肝要である．どのように事業を組み立てれば民間事業者に参画してもらえるかを確認することが重要になっている．

4.2.3　提案書作成段階

> VFM の向上に繋げるためには，民間側が提案書作成時点での基本計画及び，要求水準を十分に理解する必要がある．この段階においても，公共側と民間事業者との複数回の対話を実施することにより，公共側の意図よりも良い提案がなされる．ただし，対話の内容の結果を公表するにあたり留意が必要である．

　この段階においては，民間事業者との対話が VFM を生むことになる．できれば数回にわたる個別対話を行うことにより，公共側の意を反映したより良い提案がなされることを期待し，それに応じた応札スケジュールを設定すべきである．

　PFI の先進国である英国でも，最終提案書作成までに二度三度と競争的対話（Competitive Dialogue）を実施している．競争的対話が提案内容そのものに関することなので内容に関しては公開されないようであるが，確かに，この方法を取れば，発注者側の望むような提案が上がってくることが想定される．この点については，日本で求められる透明性という点では異なるが，対話をすることにより，提案時点では想定できなかった，または公共側が公表しなかった（できなかった）ニーズが民間に伝わることで，可能な範囲で民間提案の修正が行われた結果，VFM の向上に繋がる．そのため，透明性を確保する点から要求水準書や契約書（案）の改正版を公表すべきである．公共側にとって，一度公表したものに対して変更するのは，心理的抵抗があることは否めないが，要求水準書や契約書（案）は，不完備性があることを官民双方が認識すべきである．

　そのため，公共側で実際に個別対話を行うのは誰なのか，対話の結果をどこまで公表すべきなのかなど留意すべき点は多々ありそうである．

　例えば，競争的対話における民間からのアイデアは，当該応募者に帰属するものであり，それを保護する仕組み（情報漏洩防止対策等）を官民双方が納得する形で作ることが，対話での議論を活発にするためには重要である．また対話を行っていても，実際に落札をし，事業段階にならないと不明なものも多くある．

　場合によっては，対話で出た民間からのアイデアを事業の要求水準として，更に応募者からより良い提案を募りたいと発注者が判断することも想定され

る．その場合には，当該アイデアを発案した応募者に，一定のインセンティブ（加点）を与えるなどの仕組みを構築するべきである．ただし，対話を行った後，提案内容が他者に明るみになり，自治体に対する信頼性を大きく失墜させるとともに，積極的に提案を行おうとする民間側のインセンティブを大きく損ねてしまっている事案もあるので，各事業者のノウハウ等に関わる部分は非公開とする配慮が必要である．

　民間側は，要求水準書を超える提案を行うため，実施が不透明なものの場合には，検討や条件等を明確にしなければならない．提案書は官民双方が都合の良いように解釈しがちであり，提案そのものに不完全性があることを双方が認識すべきである．

【提案書作成にあたっての留意点】

　民間事業者は，提案書作成時点では，要求水準以上の提案を行うが，どのような定性的評価，定量的評価が行われるか，どうすれば事業の進捗に伴う VFM の増大がより期待できるかを考える必要がある．

　民間事業者が提案を行うにあたり，発注者側の意向，課題等を公募資料から読み取らなくてはならない．提案書を作成する場合，同じような内容になる場合が多く見受けられるため，表現も重要になってくる．発注者の意図を考慮した上で，地域性，特性，評価項目にあった地元企業との連携を行う．地元企業は地域に精通しており，提案を作成する際に良いアドバイザー等と連携することが可能になる．そのため，事業内容にあった経験を持っている地元企業とコンソーシアムを形成する．加えて，金融機関に求める事項もある．エージェントの体制があり，金融機関のネームバリューだけでは選定（落札）されない．したがって，事業計画に記載されたエージェント体制は重要な評価ポイントになる．妥当性を高めるために，事業関係者として主体的に関与する姿勢や，その意図（本質）を正確に表すことは重要である．

　事業の特性や内容に応じて，各企業が持っている技術や，経験なども重要な評価項目になる．事業を進めていく上で，その事業を遂行できるかが重要になってくるため，コンソーシアム形成の際は，各企業の規模や実績等も留意する必要がある．コンソーシアムの参加企業を増加・変更することにより，より一層，VFM 向上に貢献できるのであれば躊躇無く再考すべきである．

4.2.4　提案書審査～事業者選定段階

> 公共側は，要求水準を満足させつつ，これを超える民間事業者のアイデア
> やノウハウを最大限引き出せるような事業者選定の枠組みを構築する．事
> 業の目的を見据えた適正な審査や，事業者選定後の契約書に基づく発注者
> と PFI 事業者側の協議体制の構築が VFM 向上の鍵となる．

　民間事業者は，要求水準書に示された品質や性能を満足させることが前提の
上で，これを超える提案を行うことになる．公共側から見れば，要求水準こそ
が事業で達成すべき事柄であり，その記述の仕方により，民間事業者の持つ斬
新なアイデアやノウハウを具体的に引き出す源泉となる．

　【審査委員会の設置】

　提案審査に当たっては審査委員会を設置することが一般的である．審査委員
には内部の関係者のほか，外部の有識者（大学教員等）を含めるが，事業の内
容や特性に応じて，設計・建設，維持管理運営，事業スキーム（財務・法務を
含む）等の各分野からバランスよく専門家を構成することが重要である．審査
委員に事業の目的や PFI 手法を十分に理解してもらうだけでなく，より良い提
案を求めるため，事業内容・審査項目等について議論し，最終的に適切且つ公
正な審査を行えるよう，審査委員会は実施方針策定前に組成する．そして，実
施方針公表前，公募前，提案書審査，事業者選定後の審査講評の各段階で協議
を重ね，事業に対する理解を深めていくことが重要である．

　【提案書審査】

　提案書受付後，提案審査のための審査委員会開催までに，公共側では，前提
となる要求水準の達成状況及び要求水準を超えた提案と考えられるポイント
とそれに対する発注者としての評価を整理した資料を準備し，提案書そのもの
と併せて，各審査委員に事前に説明することが望ましい．また審査項目・審査
基準等をまとめた一覧表を配布し，事前に各自評価し，素点をつけてもらうこ
とも有効である．こうした工夫により，審査委員が提案書の内容に対する理解
を深め，審査委員会の限られた時間の中で要求水準を超える点の評価に焦点を
当てた有意義な議論を行うことができる．ここで重要なのは，発注者としての
事業のあるべき姿が明確でありブレがあってはならないということである．外
部審査委員はあくまでも有識者であり，評価を外部有識者に依存しすぎないこ

とに留意が必要である.

　提案者を招いたプレゼンテーションにおいては，審査委員側は提案書だけでは要求水準の達成状況が不明な点や，提案内容についてより詳細な説明を求めたい点に関して質疑を行う．ここで得られた情報も，事業者選定後の PFI 事業者の実施項目と位置づけられるため，適切に記録に残しておくことが重要である．プレゼンテーション後の審査委員による協議では，事業実施方針・体制，設計・建設，維持管理運営，リスクマネジメントなど各項目の提案に対して，それぞれの委員の専門性を踏まえ，評価の視点や意見を求めることとなる．ここで留意すべき点として，民間事業者の提案書には，発注者として認められないような提案や，オーバースペックの提案が含まれる場合がある．この点については審査委員よりもむしろ発注者となる公共側の見解が考慮されるべきである．審査時には，発注者として認められない提案は加点評価せず，オーバースペックの提案については加点なし，または部分的に評価・加点とすることが多い.

　【事業者選定】

　事業者選定後，提案者の行った提案は要求水準書に示された項目と併せて必須の実施項目となる．ただし，上述のように発注者として認められない，またはオーバースペックの提案を含む提案が選定された場合，契約交渉時に，当該提案を実施しない代わりに，減額か代替案の実施を選定時業者側に求めることになる．場合によっては，非選定となった提案者の提案を　部取り入れたいとの意向が発注者側に生じることも考えられるが，当該提案者のノウハウの保護や競争性の観点からそのような行為は慎むべきであり，選定事業者及びその提案のみを基盤として協議を進めることになる.

　契約締結時には，契約内容に解釈の違いが生じないよう，両者ともに十分な確認を行うが，それでも契約締結後に，事前には想定していなかったような状況や既存の契約書の条項では明確に判断できない事象が発生することは大いに考えられる．例えば期間が長期に亘る維持管理運営段階においては，技術の進歩，法令の新設・改正・廃止，ニーズの変化等によって，当初の提案内容が効率的・効果的な事業運営にそぐわなくなることも少なくない．このような場合に，両者改めて協議の上で業務内容や契約書を変更する必要性が生じることもあらかじめ念頭に置いて事業を実施していくことが重要である.

4.2.5　基本計画・実施設計段階

> 設計段階のモニタリング時において，民間からの提案が要求水準を満足するものであるか確認するとともに，実施項目を変更する場合には，コストの増減管理を行う．これによって，VFM が向上する．

　設計段階におけるモニタリングは，VFM 向上のために極めて重要なステップとなる．この段階のモニタリングでは，公共側が策定した基本計画・整備計画に対して，SPC による実施設計等の提案が要求性能を満足するものであるかについて確認することが基本となる．

　【設計段階に至る以前（事業契約段階等）における留意点】

　事業者選定から設計段階までの間に，PFI 事業契約や融資契約，発注者と金融機関による直接協定など，様々な契約が結ばれる．それら各種契約協議においては，将来必ず発生する提案内容の変更や事業コストの変動に，一定程度柔軟に対応できる規定をあらかじめ設けておくことが必要となる．これにより，後述する「新たな実施項目」等に関する議論において提案がブラッシュアップされ，結果として VFM の向上に繋がる可能性があることを，官民双方が認識しておくべきである．

　将来発生する可能性がある変更をどのように見積もり，入札金額（融資契約の場合はスプレッド等）にどのように反映させるかについて，過去の事例等を参考に，事象発生による追加コストデータを収集するなどして，適正にリスクコストを見積もるノウハウを蓄積していく（契約以降のコストのブレ幅を最小化する）ことが重要である．

　一方で，設計段階により生じる事業コストの増減には一定の限度があることを踏まえ，例えば実施項目の採用（設計変更）により建設コストが大幅に増加した場合には，維持管理運営段階での実施項目を削減するなどにより，事業全体でのコスト増減を最小限にすること，または Value が増加したことによるインセンティブを SPC へ付与するなど，SPC が事業コストの変動を恐れて，VFM を向上させる「新たな実施項目」の議論に消極的になることを防ぐための仕組みを，官民であらかじめ合意しておくことが重要である．

　【設計段階に生じる「新たな実施項目」への対応】

　契約協議段階においては，設計段階における仕様変更が生じないように十分

な協議を行うことが重要であることは言うまでもないが，設計業務を進めて行くと，それまでには明らかにならなかった課題や，契約締結時に作成された仕様書の内容では不都合な事象（実施項目の追加変更）が生じることが多い．

　これは，PFI 事業が性能発注であり，民間の創意工夫を発揮させるために要求水準書等の表現が定性的になっていることが主な原因であり，むしろ提案内容を具現化していく設計段階において，当然発生し得る事象と言える．

　明らかになった新たな実施項目について，その一つひとつを丁寧に議論し，事業コストの変動が可能な範囲で実施項目の採否を議論することが，VFM の向上のために必要不可欠であるという認識を，官民双方が持たなければならない．

　議論の結果，提案書や契約書と異なる仕様を採用することになった場合には，後々の紛争等による不要な VFM の低下要因とならない様，要求水準等の公募資料の内容が，実施設計図書には一部反映されない旨の文章を経緯説明とともに記録に残しておくべきである．

　設計により施設の仕様が確定すれば，後工程である建設業務，維持管理運営業務の仕様も確定して行き，提案時点よりもより正確に VFM が定まっていくため，設計段階におけるモニタリングは VFM 向上のために極めて重要なステップと言える．仮に，これまでの段階において，民間側の提案から実施を取りやめた項目がある場合においては，公共側から新たな項目の実施を求めることもできる．これは，通常，増減表と言われるもので，官民間で管理され，実施方針公表段階においては予期できなかった必要な事業項目を公共側から付加させることもできる．これにより，契約金額が増減することもあり得るが，通例，入札金額の範囲内で抑えることが多い．

　ここで重要なことは，これらの増減管理を行うことで，VFM が向上することを官民共に確認すべきことである．反対に，VFM が低下するような選択肢があった場合には，当然，公共側としては受け入れることはできず，後々，第三者に対しても説明できるような根拠を取り揃えておく必要がある．

　設計が終了した段階においては，公共側自らが，外部アドバイザー等の第三者の専門家を交えて確認を主体的・能動的に行う必要がある．このためには，SPC との間で合意された設計協議の内容や，ペナルティ条項などを含む事業契約の内容の詳細を掌握しておく必要性があり，場合により，外部弁護士等の協力を得ながらモニタリングを進めていくことになる．

4.2.6 建設～維持管理運営段階

> 建設～維持管理運営段階でのモニタリングは，要求水準との整合状況を確認することであり，設計段階で期待していた VFM が確保できているか確認する．さらに，外部コンサルタントによるチェック体制の仕組みを整えることが重要である．
>
> この段階でのリスクの軽減策として転嫁する保険の加入は，PFI 事業を安定化させる重要な要素であり，十分に見極める必要がある．

　建設段階におけるモニタリングも VFM 向上のために重要なステップとなる．この段階のモニタリングでは，設計内容を反映した施工状況・工程について監視し，問題が発生した場合には，事業契約に基づき，その是正を求めることとなる．

　具体的には，公共側は，工事着手前に施工計画・工事管理体制等を確認するとともに，工事着手後は定期及び随時に中間確認及び工事監理の状況について，さらに完工時には要求水準との整合状況について確認し，問題が発生した場合には，SPC に対し是正勧告を出すこととなる．

　維持管理・運営段階においても，要求水準書の内容や事業者側の提案が適正に履行されているかを公共側としてモニタリングする必要性がある．すなわち，設計段階では期待できていた VFM が確保できているかを確認する作業となる．

　具体的には，施設の保守管理業務等の履行の確認をはじめとして業務全般を監視し，不具合な事項が生じた場合は是正を指示するとともに，場合によっては，ペナルティを科すことにもなる．また，定期的に事業者の経営状況（財務状況）の監視と指導を行う必要もある．

　なお，施設が供用開始した直後では，公共側と事業者側の間で業務の運用上の仕組みがまだ十分でないことから，外部コンサルタント等の支援を受けながら，公共側のチェック体制とその仕組みを築くことで，事業終了までの長期にわたる維持管理・運営モニタリングを確実に行っていける体制を整えることが必要となる．モニタリングにおいては，リスクが顕在化しないように，発注者と事業者が調整を行い，当初の VFM が発現するように努める必要がある．

　【建設～維持管理・運営段階における保険へのリスク転嫁】

　この段階では，多くの重要なリスクが包含されていることから，発注者が行

うモニタリング，SPC が行うセルフモニタリング，金融機関によるモニタリングの関与が実施されるが，そのリスクの軽減策として転嫁する保険の加入は，PFI 事業を安定化させる重要な要素である．

　建設中の段階においては，履行保証を対象とする履行保証保険，物損害を対象とする工事保険，賠償責任を対象とする請負賠償責任保険が必須である．維持管理運営期間中においては，履行保証，物損害を対象とする財産保険（火災保険，機械保険等），賠償責任を対象とする第三者/施設・生産物賠償責任保険等に加入する．その他の費用補償や収益減少に対しては企業費用利益補償保険に加入する場合がある．前者の場合には付保義務がある保険として取り扱われているが，後者の費用利益補償保険については，採算性がある PFI 事業において，任意の保険設計を求められることが多く，審査の際の加点要素となる場合がある．また，PFI 法に基づき委託された運営業務においては，施設所有の如何にかかわらず種々の賠償責任を包括的に補償する保険も確認されている．

表4-2　損害保険の体系表例

時期	▼契約締結　　▼工事着手　　　　▼運営開始	
	建設期間中	維持管理運営期間中
履行保証	履行保証保険	1 年毎に更新
物損害	工事保険	財産保険（火災，機械等）
	動産総合保険　他	-
賠償責任	請負賠償責任保険	第三者賠償責任保険/施設・生産物賠償責任保険
収益減少	操業開始遅延保険	企業費用利益補償保険

　必要な保険金額については，「工期」「仕事の内容」「工事の地域」「建物構造」「補償内容」等，多くの料率構成要件によって保険料が変動するため，コストとの兼ね合いからこれが最も適正という判断基準を示すことは難しい．まさに，損害保険は VFM にも影響することから，発注者とリスクの明確化及びその責任分担を適切に行うことが重要である．（5 章「VFM マネジメントマニュアル」にて関連事項を記述）

4.3 各段階における VFM マネジメントの具体的実施事例 [3]

> コスト縮減のみに着目して算定していた従来の VFM より，サービスの向上
> を Value として換算することにより大幅に VFM が向上することから，要求
> 水準にないサービス向上分を適正に評価することが不可欠である．

　PFI 事業者が選定された後においても，民間側が行う設計，建設に対し公共
側がモニタリングを行うことにより VFM を向上させることができる．このこ
とを当小委員会のメンバー自らが公共側アドバイザーとして実践し，その結果
を既に公表しているが，ここにその内容について再掲したい．

　民間事業者は PFI 事業者として選定されるために，総合評価における定性的
評価ポイントが得られるように，要求水準にはないさまざまな提案を付加する．
また，設計協議段階においても，公共側と選定された PFI 事業者との間では，
契約金額の範囲内で設計協議を重ね，より良い事業の実現を目指して努力を積
み重ねている．

　表 4-3 は，建築系 PFI 事業における事例であるが，入札時における民間事業
者からの当初の提案段階及び設計協議終了段階における Value の向上（サービ
スの向上）に係る項目を可能な限り抽出し，それらを公共側が取得するといく
らのコストが必要かという仮定に基づいて金銭換算したものである．

　例えば，要求水準を上回るゆとりある施設計画の面ではそれに伴う建築コス
トを Value として換算し，また，維持管理運営段階に関しては，維持管理運営
を徹底するための自主モニタリングシステムの導入や光熱費の削減などの点
を Value の向上として評価している．

　これらを基に VFM を試算したところ，表 4-4 に示すように，サービスの向
上を考慮しない場合の VFM が 11.3%（コストダウンのみ）であったのに対し，
サービスの向上を考慮した場合には，事業者選定時において 19.4%，設計協議
後においては 21.6%にまで VFM が向上した．

　このことは，コスト縮減にのみ着目して算定していた従来の VFM に対し，
要求水準を超えるサービスの向上を考慮して VFM を算定した場合，大幅に
VFM の向上が見込めることを示唆しており，非常に興味深い結果が得られた．

表 4-3　要求水準を超える Value 向上の金銭換算（千円）

		事業者選定時		設計協議後
		Value 向上 非考慮	Value 向上 考慮	Value 向上 考慮
設計建設段階	より快適な空間	0	234,409	324,269
	より安心な建物	0	16,500	18,200
	設計建設ワークショップ	0	5,140	5,140
	ゼロエミッション施工	0	5,000	5,000
	独自モニタリング	0	1,300	1,300
維持管理運営段階	清掃頻度アップ	0	0	1,800
	独自モニタリング	0	8,520	8,520
	長期修繕計画立案	0	3,705	3,705
	維持管理バックアップ	0	3,000	3,000
	維持管理ワークショップ	0	3,000	3,000
	光熱費削減	0	45,000	45,000
合　計		0	330,574	418,934

表 4-4　Value 向上を考慮した場合の VFM

VFM 算定段階	事業者選定時		設計協議後
	Value 向上 非考慮	Value 向上 考慮	Value 向上 考慮
価格面での VFM	11.3%	11.3%	11.3%
サービス向上面での VFM	0	8.1%	10.3%
VFM の合計	11.3%	19.4%	21.6%

　したがって，事業者選定時あるいは設計協議後における VFM の算定にあたっては，要求水準にはないサービス向上分を適正に評価することが不可欠であり，これを確実に実施していかなければ PFI のメリットを的確に表現することができないことを示した．

4.4　リスクマネジメントサイクルによる VFM マネジメント [1),4)]

> 設計，建設，維持管理運営の各段階における公共側のモニタリングを実施
> することが VFM の向上に極めて重要であり，各段階においてリスクを確実
> に管理する「リスクマネジメントサイクル」を実践することで，リスクコ
> ストを抑制することができる．

　PFI 事業では，民間事業者が設計，建設，維持管理運営を行っていくことに
なる．このため，民間側が自らの責任で工事監理や維持管理運営の監理を行い，
要求水準書等に定められた品質及び性能を確保していかなければならない．

　しかし，PFI 事業とは言え公共事業であることに変わりはなく，事業発注者
である国または地方公共団体は，民法 717 条に定める土地工作物責任を有する．
加えて，施設の所有権の有無にかかわらず，完成された施設は国家賠償法第 2
条に定める「公の営造物」にあたると考えるのが妥当である．施設の設置また
は管理に瑕疵があり，第三者に何らかの損害を与えた場合には，公共側にも賠
償責任が生じると考えられる．

　したがって，PFI 事業の場合は，施設の引渡し及び維持管理運営段階におけ
る品質及び性能の確保が不可欠となり，このためには，設計，建設及び維持管
理運営の各段階における公共側のモニタリングが極めて重要となる．

　また，リスクマネジメントの観点から，事業実施にあたってのリスク項目を
明確に認識し，発生確率とその影響を把握することも重要である．把握にあた
っては，公共側担当者とアドバイザー等によるワークショップや，事業の関係
者一同が出席した全員協議会を定期的に開催することが有用である．詳細は，
5 章「VFM マネジメントマニュアル」のリスクコストに関する VFM の算定方
法で述べる．

　一方，図 4-2 に示すように，設計，建設，維持管理運営の各段階においてモ
ニタリングを効果的に実行していくことは，VFM を向上させる源泉そのものに
も繋がる．例えば，設計段階において，公共側と SPC との間では，契約金額の
範囲内で協議を重ね，より良い事業の実現を目指して努力を積み重ねている．
これはすなわち，民間事業者の公募段階では予見できなかった品質やサービス
の向上策を民間側の提案により積極的に取り入れていこうとするものであり，
これそのものが VFM の源泉となる．PFI 事業は民間事業だから公共側が口を出

してはいけないとか，一旦公募して選定した事業計画だからこれを変更できないという考えを持つ自治体職員も中にはいるが，そのような柔軟性に欠ける考えでは，PFI の最大のメリットを自ら摘み取ってしまっているといっても過言ではない．

　異業種連携によるコンソーシアムが一体となって事業を実施していく PFI 事業は，従来型事業で設計，建設，維持管理運営に対して別々に行われていたモニタリングを一貫して行うことで，各業務の隙間に内在するリスクを見極め，その顕在化による追加コストを最小化することが可能である．

　PFI 事業における評価基準では，各業務の連携による効率的かつ効果的なリスクマネジメントサイクルの実施方法についての具体性を求め，その配点をより高く設定，評価することが重要である．それにより，前工程，後工程を意識した仕様書の作成が達成され，VFM の向上に大きく寄与する．

　リスクマネジメントサイクルを効果的に実践するためには，各業務の専門家からの意見を尊重しながら，事業全体を一貫して俯瞰的に捉えられるマネジメント能力を有するマネージャーの存在が，官民双方に必要不可欠である．

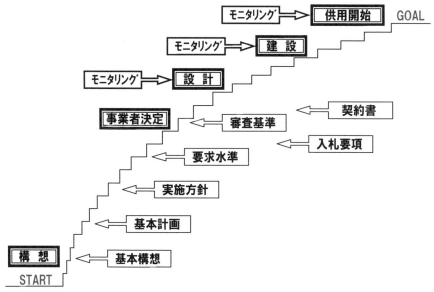

図 4-2　モニタリングこそが VFM 向上の源泉

4.5 VFM マネジメントのための体制 [4), 8), 9)]

4.5.1 公共側の体制

> VFM マネジメントを効果的に実施していくために，公共側コンサルタント
> が上流側から関わり，公共側と民間側の相互に信頼関係が醸成され，官民
> 間におけるベストパートナーシップを構築することが重要である．

図 4-3 は，公共側コンサルタント（アドバイザー）と SPC 側の役割分担を時
系列で示したものである．

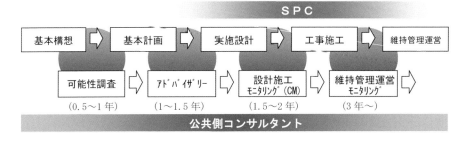

図 4-3　公共側コンサルタント（アドバイザー）の役割

　公共側コンサルタントは PFI の可能性調査段階から事業に関わるのが通例で
あるが，場合により，事業の構想・立案段階から関わることも少なくない．す
なわち，公共側コンサルタントは事業の絵姿を描いていく，より上流段階から
従事しているわけであり，事業全体に係るアドバイザーとして高い見識や柔軟
性を求められるということである．

　これに対し，SPC 側としては，公共側で立案された基本計画や要求水準書に
従い，事業を具現化していく重要な役割があるわけである．

　図 4-4 は，発注者（公共側），受注者（民間側），公共側コンサルタント（ア
ドバイザー）の三者の役割と責務について，模式的に示したものである．この
内，公共側コンサルタントについては，発注者責任の一部を全うし発注者の代
理を務めるレベルのものから，単に発注者の支援を行うレベルのものまで，
個々のケースで関与の度合いが相当に異なり，一概にその役割や責務を明確化
することは困難である．

　しかし，いずれにしても，公共側コンサルタントの判断に基づき PFI 事業者
に対して指示した内容については，常に発注者の最終判断・承認に委ねられる

わけであり，発注者が本来持っている発注者責任そのものが消滅しているわけではない．このため，公共側コンサルタントは業務の実施にあたり常に善管注意義務を果たすことを求められるが，その範囲については自ずと限定されるべきであることに発注者は留意すべきである．

　VFMマネジメントを効果あるものとして実施していくためには，この外部コンサルタントを含む公共側と民間側の三者間で相互に信頼関係が醸成され，それぞれの間でのベストパートナーシップが構築できるか否かが事業の成否を決める鍵となり，このことは，当小委員会でも繰り返し訴えてきたところである．

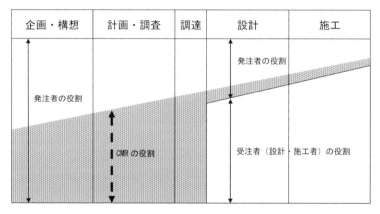

図4-4　公共側コンサルタント（アドバイザー）の責務

さらに，この三者によるVFMマネジメントの考え方は，PFI事業のみならず広く一般公共事業においても採用されるべきものであり，PFI事業での導入を一つのきっかけとして，各関係者による強力なパラダイムシフトを起こしていきたいものである．

　その他にも，民間企業からなるCMR（Construction Manager）が発注者代行業務を実施するケースもあり，CMRが一気通貫型でプロジェクトをマネジメントできるのであれば，事業に潜むさまざまなリスクを事前に予見し，VFMをマネジメントすることも可能となる．CMRの有用事例として，震災復興事業を対象に，官民双方の技術者の多様な知識・経験の融合により，調査及び設計の川上段階から効率的な事業マネジメントを行う「事業促進PPP」の導入が進んでいる．

4.5.2　受注者側の体制

> PFI 事業の中核をなす建設段階において，品質管理，工程管理，安全管理の
> みならず，対外調整，設計者調整などの発注者側との窓口を一元管理する
> 「工事監理者」を設置することによって，VFM を確実なものとする．

　発注者から直接建設工事を請け負った請負業者は，発注者に対して工事の着
手段階から完成までのすべての責任を負っている．建設業法等においては，こ
れら請負者としての責任を果たしていくために，現場代理人，主任技術者（監
理技術者），品質証明員，安全衛生責任者等の責務がそれぞれ定められている．
　現場代理人は，請負契約の的確な履行を確保するため，請負人の代理人とし
て工事現場の取り締まりを行い，工事の施工及び契約関係事務に関する一切の
事項を処理する責任者である．
　主任技術者（監理技術者）は，施工の技術上の管理をつかさどる責任者のこ
とで，施工計画，工程管理，品質管理その他の技術上の管理及び当該建設工事
の施工に従事する者に対する技術上の指導監督を行う責務がある．
　品質証明員は平成 8 年度に創設されたものである．契約図書及び関係図書に
基づき，出来形，品質及び写真管理はもとより，工事全般にわたり品質証明を
行う責任者であり，設計図書等に品質証明の対象工事と定められた場合には設
置が必要である．
　総括安全衛生管理者（安全管理者）は，一定以上の数の労働者を使用する場
合，労働安全衛生法により選任しなければならず，労働者の安全衛生の確保，
労働災害の防止等に関する事項を統括管理する責任者である．
　表 4-5 において，これらそれぞれの責任範囲を概略整理したものを示すが，
同一の人格が，品質管理，工程管理，安全管理といった請負者としての責任項
目を網羅的にカバーしているわけではない．このため，例えば，請負者は同一
であるが，区域内に複数の工事契約がある場合は，建設業法上はそれぞれに現
場代理人及び主任技術者（監理技術者）の設置が必要なため，少なくとも発注
者や設計者との窓口だけでも一元化する必要性がある．
　そこで当小委員会では，建築工事の場合を参考に，請負者として実施しなけ
ればならない各管理項目に対して網羅的に指導・助言等を行う「工事監理者」
を新たに設定し，仕様書の形でこの工事監理者の職務範囲の整理を行った．

表 4-5　受注者側の工事監理体制

	工事監理者	現場代理人	主任技術者 監理技術者	品質証明員	安全衛生 責任者
契約管理事務		◎			
品質管理	■		◎	○	
工程管理	■		◎		
安全管理	■				◎
対外調整	■	○			
設計者調整	■		○		

凡例：■指導/助言，◎実施責任者，○補助責任者

　建設段階のみならず維持管理運営段階においても，維持管理責任者，運営業務責任者を統括する統括責任者を配置することが重要である．その統括責任者においては，管理経験・事務経験・緊急対応に関する資格が必須であり，リーダーシップ，広い視野，コミュニケーション能力を持ち，危機管理意識の高い人材を責任者として充て，VFM を確実なものにしていく必要がある．

注

1. 応募者は，提案設計の段階において自ら現地のボーリング試験等を実施して地質データ等取得することは通常行わない．従って，公告時点に発注者から提示される各種データを基に提案設計を行い，入札コストを算出する．選定された事業者によって改めて地盤調査等が実施され，例えば施設の基礎仕様などが設計業務によって確定されるが，その際に応札時点で示された地質データの不足や相違などによりコスト変動が発生するケースがある．また，仮設工事についても，応札時点で示される現地写真などの資料や見学会などで把握できる内容には一定の限界があり，それにかかるコストを入札金額として正確に見積もることは困難な場合がある．さらに，仮設工事の仕様も地質データに大きく依存するため，公告時点で示された地質データ等に不足や相違がある場合には，基礎仕様と同様にコスト変動が発生する．特に，土木インフラ事業の場合は，事業実施場所が山間部であるために工事個所への取付道路の整備が必要であったり，掘削深さが深いために土留や地盤改良などの工種や数量が多くなるなど，建築工事に比較して全体工事費に占める仮設工事費の割合が高くなることが想定される．更には，それらへの対処方法（施工計画，コストなど）は建設会社のノウハウによって異なることが多い．従って，実施設計が行われない状況で入札を行うPFI事業においては，地質条件や仮設工事により変動するコストをPSC算定時点に正確に見積もることは困難であるため，実施設計段階において実態に即した仕様やコストに変更されることをあらかじめ想定し，コストの増減管理を実施することが重要である．

参考文献

1) 渡会英明：PFI 事業における諸課題について　第 23 回建設マネジメント問題に関する研究発表・討論会講演集，2005.

2) 国土交通省：国土交通省所管事業への PFI 活用に関する発注担当者向け参考書　Ⅲ．モニタリング（業績監視）について，2009.

3) 渡会英明：PFI 事業における VFM の再定義，第 28 回建設マネジメント問題に関する研究発表・討論会講演集，2010.

4) 渡会英明：VFM マネジメントの概念と実践について，第 57 回土木計画学研究発表会（春大会）講演概要集，2018.

5) 渡会英明：PFI/PPP 事業におけるベストパートナーシップ形成のために，第 30 回建設マネジメント問題に関する研究発表・討論会講演集，2012.

6) 内閣府：PPP/PFI 手法導入優先的検討規程策定の手引，2016.

7) 渡会英明：民間発意型 PFI/PPP における課題の整理と考察，第 55 回土木計画学研究発表会（春大会）講演概要集，2017.

8) 渡会英明：発注者代行業務の応用・活用による地域マネジメントビジネスへの展開，第 34 回建設マネジメント問題に関する研究発表・討論会講演集，2016.

9) 渡会英明：社会インフラの維持管理更新のための PFI/PPP 手法による事業創造，第 31 回建設マネジメント問題に関する研究発表・討論会講演集，2013.

第Ⅱ部

5. VFM マネジメントマニュアル

5.1 はじめに

> 本章では VFM をマネジメントするにあたって行うべき具体的な手法をト
> ピック的に解説している．また，これまで VFM 算定にあたって明示的に
> 算定されてこなかったプロジェクトのリスクに関して，マネジメントの方
> 法や算定方法についても解説している．

【算定される VFM と価値ドライバーの関係】

　VFM の概念を再度整理する．VFM は大きくは，建設費，運営費，支払利息
等の費用（コスト）差，リスクマネジメントによるリスク対応費用（将来の不
確実な状況に対する費用）の差及び第 4 章の冒頭にも述べられているようなサ
ービス提供水準（Value）の差によって構成される（図 5-1，再掲）．これを第 3
章の VFM の価値ドライバー（源泉）との対比でみると，以下のようになる．
◇費用の差は，発注制度（性能発注，一括発注，複数年契約，包括契約）及び
　規律づけ（競争，モニタリング）の違いにより生じる．
◇リスク対応費用の差は事業主体の違いにより生じる．
◇サービス提供水準の差は規律づけ（競争，モニタリング）の違いから生じる．
これらの差を事業手法に的確に反映することで VFM を適切にマネジメントし
て行く必要がある．

【事業全体のプロセスと VFM マネジメントの手法】

　第 4 章でみてきたような事業全体を通じた VFM の向上を目指す上では，事
業のそれぞれの段階に応じた適切なマネジメントが必要になる．そのためには，
VFM の算定だけでなく，様々な手法により段階に応じた適切な対応を行うこと
が重要である．ここでは，今まであまり明示的には記述されてこなかった，「予
防保全」，「対話」，「モニタリング」に着目して，各事業の段階ごとに，その場
で行うべき方法について略記した．

【リスク定量評価】

　リスクの定量評価は，これまで重要性は認識されつつも将来の不確実な状況
に対する定量化の難しさから，実施例は極めて少ないと思われる．本章では，
事業プロセスの中でのリスクの定量評価の手法について述べると共にリスク

定量化に有用となるリスクワークショップについてその概略や留意点を述べる．これらのことを通じて，プロセス調整にかかる事業全体の諸活動を VFM に換算するための方法，及びリスクの存在と対応手法を明確化しようとしている．

【本章の位置づけ】

　本章では，事業全体のプロセスを通じて，実際に VFM を算定し向上させる上で重要となる事項を記述している．各手法の詳細については，紙面の関係から十分に解説できていない部分もある．それらに関しては，本書の記述をよりどころとして，他の資料なども参照願いたい．VFM マネジメントを考える上で有用と考えられる資料に関しては，章末に参考文献として整理している．とくにリスクの計量化手法に関しては，本小委員会のリスクマネジメント部会において長年検討してきた一連の成果[1]も掲載している．併せて参照いただきたい．

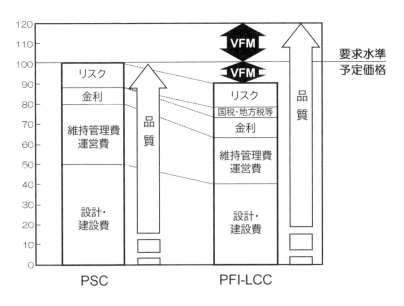

図 5-1　Value が向上した場合の VFM（再掲）

出典：渡会英明：PFI 事業における VFM の再定義，第 28 回建設マネジメント問題に関する研究発表・討論会，2010．[2]

5.2　VFM の定量評価の手法・手順

5.2.1　ガイドラインでの VFM 算定の方法

> VFM の評価は PSC と PFI-LCC を比較することによって行われる．評価時点としては事業の企画，特定事業の評価，事業者選定等の各段階において状況を適切に反映させつつ段階的に評価することが必要である．

　VFM の評価は PSC と PFI-LCC を比較することによって行われる（基本的な考え方は図 1-1 VFM の概念図参照）．このことは，内閣府による VFM（Value For Money）に関するガイドライン3)（以下，「ガイドライン」と記す．）等にも明記されている．

【ガイドラインにおける VFM 算定の概略】

　PSC は公共が自ら実施する場合の事業期間全体を通じた公的財政負担の見込額の現在価値である．設計，建設，維持管理，運営の段階ごとに想定する事業形態（民間事業者への請負や委託等）に基づく費用，公共の間接コスト，定量化したリスクを事業年度ごとに積み上げ現在価値に換算する．

　PFI-LCC は PFI 事業として実施する場合の事業期間全体を通じた公的財政負担の見込額の現在価値である．民間事業者が設計，建設，維持管理，運営を一元的に推進する費用（事業者負担リスクコストを含む），民間事業者の利益，公共の間接コストを事業年度ごとに積み上げ現在価値に換算する．なお，現在価値に関する考え方については，補.1.2 を参照されたい．

　ガイドラインでは VFM の算定にあたって，表 5-1 のような様式が紹介されている．公共施設の管理者等が算定した PSC 及び PFI-LCC は，原則として特定事業の選定の際に公表する．その際，VFM 評価の透明性及び客観性を確保する観点から，①PSC，PFI-LCC と VFM の値，②VFM 検討の前提条件，③事業費などの算出方法を具体的な数値，算出根拠とともに公表する．

【VFM の各事業段階に応じた評価の必要性】

　VFM 評価は事業の企画，特定事業の評価，事業者選定等の各段階において状況を適切に反映させつつ段階的に評価することが必要である．公共の役割として PFI 事業全体を通じた質の高い公共サービスの提供とした場合，本書で検討しているような，事業全体を通じた VFM の向上（図 5-2）のための注力が必要となる．

表 5-1　PSC算定のための参考様式例（キャッシュ・フロー比較様式）

		年度	.....	-2年度	-1年度	0年度	1年度	2年度	.....	最終年度	合計	備考
設計建設事業費用	直接費	人件費										
		物件費										
	間接費	人件費										
		物件費										
	減価償却費											
	修繕費											
	その他費用											
	合計											
維持管理運営事業費用	直接費	人件費										
		物件費										
	間接費	人件費										
		物件費										
	減価償却費											
	修繕費											
	除却費											
	その他費用											
	合計											
金融費用	支払金利											
	支払手数料											
	合計											
事業費用合計												
リスク	設計・建設段階											
	維持管理・運営段階											
	合計											
総費用												

（キャッシュ・フロー）

	.....	-2年度	-1年度	0年度	1年度	2年度	.....	最終年度	合計	備考
Ⅰ 業務活動によるキャッシュ・フロー										
設計建設事業費用									-×××	
維持管理運営事業費用									-×××	
金融費用									-×××	
減価償却費									×××	
除却費									×××	
...										
計									×××	
Ⅱ 投資活動によるキャッシュ・フロー										
有形固定資産の取得による支出									-×××	
有形固定資産の売却による収入									×××	
...										
計									-×××	
Ⅲ 財務活動によるキャッシュ・フロー									×××	
借入金の返済による支出									-×××	
借入れによる収入									×××	
...										
計									-×××	
Ⅳリスク									×××	
Ⅴ 総キャッシュ・フロー（Ⅰ〜Ⅳの計）									×××	
現 在 価 値										

（注）数値の記入は、行政コストの計算書を作成する際に貸借対照表およびその他の財務関連明細表より転記する手順に倣って行う。
　　　本様式は、サービス購入型の事業を前提としている。

出典：内閣府：VFM（Value For Money）に関するガイドライン[3]

図 5-2　VFM を算定する段階

出典：国土交通省：VFM簡易算定モデルマニュアル，平成29年4月，p.2「VFMを算定する段階」[4]より著者作成

5.2.2　VFM を構成する費用の概説

> PSC と PFI-LCC の差である VFM の多くは費用（コスト）の差が基になっている．費用の算定にあたっては，両者の比較が適切に行えるよう，両者の算定条件に相違が生じないよう留意する．

　PSC と PFI-LCC のコストの算定にあたっては，その時点において算定が可能な範囲で，できる限り精度を確保することが求められる．PSC と PFI-LCC の内訳は，第 1 章でも示されたとおり，図 5-3 のようになる．以下では，内閣府「VFM（Value For Money）に関するガイドライン」[3]を基に，ここに示されている各費用の算定手法の概要と算定上の留意点を述べる．

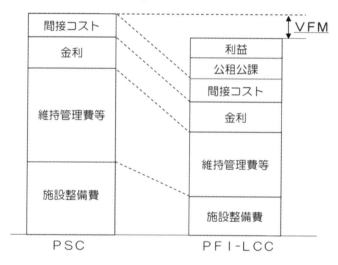

図 5-3　VFM の概念図（再掲）

出典：内閣府民間資金等活用事業推進室：地方公共団体向けサービス購入型 PFI 事業実施手続き簡易化マニュアル，2014.[5]

【設計・建設費/維持管理・運営費】

　PSC は公的財政負担となる事業費用を，設計・建設・維持管理・運営の段階ごとに，原則として発生主義（年次発注金額）に基づいた積み上げ方式で算定する．一方，PFI-LCC は，民間事業者が当該事業を行う場合の費用を，設計・建設・維持管理・運営の段階ごとに推定し，積み上げ，その上で公共施設の管

理者等が事業期間全体を通じて，負担する費用として算定する．積み上げにあたっては，専門的なコンサルタントの活用や類似事業に関する実態調査，市場調査などを行うことにより，算出根拠を明確にしたうえで，民間事業者の損益計画，資金収支計画等を年度ごとに想定し，計算する．具体的には，導入可能性調査における民間事業者へのヒアリング・アンケートの回答結果や過去のPFI 事業での VFM 実績（特定事業選定段階または事業者選定段階）等に基づき，従来手法（公共工事）からのコスト削減率を設定し，それを従来手法の設計・建設費及び維持管理・運営費に乗じることにより，PFI-LCC の設計・建設費及び維持管理・運営費を算出する[6]．その際には，民間事業者が求める適正な利益や配当を織り込む必要がある点に留意する[3]．

　当該事業の実施に必要となる，企画段階及び事業期間中における人件費や事務費等の間接的コストは合理的に計算できる範囲において PSC と PFI-LCC に算入することが適当である[3]．

　当該事業の実施に伴うリスクが見込まれる場合は，リスクコストとして算定し，算入する．リスクコストの算定方法については，「5.4 リスクの定量手法」を参照されたい．PSC と PFI-LCC を比較する場合，PFI-LCC は PFI 事業において民間事業者が負担すると想定したリスクの対価を含むことから，PSC においても，それに対応するリスクを公共部門が負うリスクとして計算し，加算することが必要となる[3]．

　民間事業者がこれらのコストに対してコスト削減技術を駆使することこそが，VFM 発現の源泉である．

【金融コスト（金利）】

　PSC として，公共部門が発行する債券（公共債）の金利を算定する．PFI-LCC としては，民間事業者が金融機関からの借入を行う際の支払金利や支払手数料を算定する．

【国税・地方税等】

　民間事業者が PFI 事業を実施する場合は，法人税や事業税，固定資産税，都市計画税等の税金が発生するため，これら税金を費用として，PFI-LCC に算入する．ただし，それら税金のうち，当該公共施設等の管理者等の収入となる税収分については，PFI-LCC から減じる必要がある[7]．

5.2.3 VFM の源泉とリスク評価の位置づけ

> 従来の VFM の評価は，主に PSC の事業費と PFI 事業の LCC の差によっ
> て評価されていたが，官から民へのリスク移転の VFM も併せて適切に評
> 価する必要がある．

【リスクの定量評価の目的】

　PFI 事業において，契約後に発生するリスクについては，リスク分担表など
によって事前の取り決めが定められている．事業が進むにつれて発生するリス
クイベントは，この分担表によって費用負担あるいは責任分担がなされる．契
約後に生じたリスク費用などに関しても，この対応表を基に官・民に分割され
る．これは，民で負担できるリスクに関しては積極的に民に移転することによ
って，その全体の事業費を低く抑えようという考え方が背景にある．

　一方で，事業開始前の VFM 評価においては，多くの場合リスク対応のコス
トを含めた官民分担の取り決めはなされるものの，リスク低減の経済的効果ま
で含んだ VFM 評価は行われていないと思われる．事業開始前段階において様々
なリスクの予見はある程度できるにしても，これらを定量的，経済的に評価す
るのが困難なことがその一因となっている．これに対して，海外での VFM 評
価の考え方はこれとは少し異なっている．例えば，オーストラリアの事例 [8] で
は，はじめにリスクの影響度を評価した上で官民の分担関係が決められ PSC へ
の組み込みなどが行われている．VFM の源泉の大部分はリスク移転によって生
み出されるとしている論評も散見される．では，リスクの移転を VFM に明示
的に組み込むにはどうすればよいか．この問いに応えようとするのが，本章の
リスクの定量評価の目的となる．

【公共事業におけるリスクの扱い】

　ここで一般的な公共事業におけるリスクの扱いについて考えてみる．公共事
業等では事業開始時には，当初から想定されるリスクについてはある程度考慮
はされるものの，潜在的なリスクまでは明示的に取り扱わないのが通常であろ
う．公共事業にもリスクは多く存在する．工期の長期化が制御不能に陥ること
もある．コストの増加は，その原因によってやむを得ないと判断される場合に
は，設計変更などでリスク調整が行われる．受注者側からみれば，請け負った
責任の範囲は当初契約の確実な履行であり，事前の条件に記載されていない事

項が発生した場合，たとえそれがある程度発生が予見されていたリスクであったとしても，受注者側での費用負担は生じず，発注者側からの契約変更でリスク対応費用は処理することになる．

【民間へのリスク移転の意義】

　上記のような公共事業（PSC）に含まれるリスクに対して，これが契約の当初段階から民間に移転されていれば，民間側も総力を結集してリスク防止に努めることになる．これにより VFM は確実に生じるわけであるが，現在行われている VFM 評価においては，その重要性は認識されつつも，明示的には取り扱われることはなかった．移転リスクの VFM を表 5-2 のように整理してみると，民間に移転した場合のリスク対応費用の軽減部分の評価の必要性は明らかであり，諸外国の例を見るまでもないことであろう．適正な VFM の評価を行うには，リスク移転による対応費用の差を，なんとか VFM に反映させる必要がある．

　　VFM　　　　　　　　　＝　PSC 事業費 － PFI-LCC ＋ リスク移転の VFM
　　リスク移転の VFM　＝　移転対象リスクの従来の評価値
　　　　　　　　　　　　　　　　　－ 移転後の民のリスクの評価値

【リスクの定量手法について】

　では，これまでリスクがなぜ扱われなかったかであるが，その要因のひとつにリスクそのものを取扱う適切な方法があまり提案されてこなかったことが挙げられる．5.4 ではこの部分に焦点をあて，その具体的な方法を提案する．5.4 で提案している手法は，かなり漠然とした方法のような印象を受けるかもしれない．しかし，リスク評価の方法として，ある程度論理的且つ簡便に活用できると思われる方法がそれ以外に見当たらないのも事実である．

表 5-2　移転リスクの VFM

事業手法	事業費		移転リスク		官保有リスク		事業費・VFM
PSC	事業費	＋	官のリスク対応費用	＋	リスク対応費用	＝	総事業費（終了時）
PFI	PFI-LCC（リスク除き）	＋	民のリスク対応費用	＋	（同上）	＝	リスク移転後のPFILCC（＋官保有リスク費用）
	―)		―)		―)		―)
	従来のVFM	＋	リスク移転のVFM		0	＝	評価されるVFM

5.2.4 サービス向上で得られる VFM の算定方法

> サービス向上で得られる価値をコストとの比較可能なレベルまで高い精度で算定する方法があるわけではなく，統一された算定方法も見受けられない．しかし，公共サービスの価値を考えることの重要性から，各条件に沿って現段階で最もふさわしい算定方法を採用し，限られた条件下での算定結果であることを踏まえてマネジメントに活用する必要がある．

　VFM マネジメントを実施する上で，先述のコスト比較や後述のリスク評価に加え，サービス向上で得られる価値の算定が重要となる．ただし現状では，確固とした統一算定方法があるわけではなく，算定コストと同レベルの精度を確保した算定は困難である．公開されているマニュアルがコスト比較に留まっているのも，これが理由である．しかし，費用便益分析における便益計測手法の開発，事業評価におけるアウトカム評価指向，インパクト評価への関心の高まり，KPI などの評価手法の浸透などを見ると，PFI 事業におけるサービス向上を目指した価値評価も必要不可欠なものと考えられる．

　事業者選定段階で総合評価方式を導入することが多く，加点項目あるいは技術項目とされる評価項目が価格点と比較して相対的に高い比率で評価されている．専門家・有識者による3〜7段階等の段階評価がされていることから，初歩的ではあるが定量評価のひとつと言うことができる．ここで挙げられたものは，基本計画や実施方針の決定公表段階における議論の結果示された当該事業に期待する公共サービスであり，VFM のサービス向上要因の中核となる．落札事業者との話し合いにより，合意された各項目の達成基準が，通常は明確になっているので，要求水準と比較して向上している達成基準を段階に応じて評価してこれを管理指標とすることが，現実的には馴染みやすいであろう．可能であれば，段階ごとに基準を定め，例えば指標がある基準を上回れば評価を C から B に上げるなどの方法が考えられる．

　より本格的な定量化には，費用便益分析などにおける環境や歴史的な遺産への価値評価などで提案されているいくつかの手法を援用することができる．

　手法が明確で直観的に理解されやすいものに代替法がある．公共サービスと類似した民間サービスがあるとき，その民間サービスの価格を価値と考える方

法である．もちろん，類似しているとは言え，民間が提供するサービスと主旨や目的が異なるからこそ公共が提供しているはずであるが，算定価値の近似値として用いることができる．ただし，代替となる民間サービスが無ければ算定できないことと，他の複合的な効果を混在させてしまう点が課題となる．

　トラベルコスト法のように，地域に即した公共サービスにアクセスした人のアクセス費用の集計値を価値と考える手法が考えられる．人々がコストをかけてもそこを訪れ公共サービスを受けようとするのだから少なくともそれ以上の価値を認めたと考える手法である．必要な情報が少なくすみ人々が訪れるタイプの施設の価値には有効であるが，逆に言えばそのようなインフラの評価にのみ適用可能である．

　公共サービスを提供するインフラの周辺地価の上昇分を価値とするヘドニック法がある．サービスが向上すれば周辺の生活利便性やビジネス価値が高まることから多くの立地主体が相対的に高い地価を払っても立地するであろうと考える手法である．公共サービスへのアクセシビリティを含む説明変数群で地価を回帰分析し，当該パラメータを用いて算定する．地価データ等の入手が容易であるメリットがあるが，過大に評価される傾向にあることが指摘されている．

　CVM 法あるいは直接市民・利用者に満足度に対する支払い意思額を聞く方法も考えられる．CVM 法は，各種のバイアスが発生しないように慎重にデザインされた聞き取り・アンケート調査から支払い意思額を把握し，集計するものである．従来定性的な評価しかできないものまで計測できるので有効な部分もあるが，丁寧な調査スペックの下で行わなければ大きなバイアスが発生することから，他により良い手法があるのであれば濫用は避けるべき手法でもある．

　公共サービスの価値計測の観点からは，上記のように手法整理が可能であるが，この VFM を用いてマネジメントを実施しようとする場合，高頻度でこれらの価値計測を実施することは現実的には算定コストがかさむ．このため，注目すべき公共サービス項目について，事業実施に直結するサービス指標を設定し，適切な競争環境を維持しながらサービス対価と連動した効果を明確にすることで，事業者自身のマネジメントされた改善行動が，本来の対象である公共サービスの向上に繋がるよう誘導するようなマネジメントとすることが重要である．

5.3 事業プロセスの中でのVFMマネジメント

5.3.1 予防保全について

PFI事業においてリスクの予防保全はVFMの向上に最も寄与する要素である．そこでは，官と民とが連携し，お互いの強みと弱みを補い得る適切なリスク分担とリスク対策を講じることがポイントとなる．

　以下では，PFI事業の事業プロセスに沿って，各段階でのリスク予防保全の手法・留意点を述べる．

【実施方針策定及び公表段階】

　発注者は，必要に応じてアドバイザーの支援を得ながら，仕様書や要求水準書に基づいて対象事業が行われた場合の主要なリスクを抽出するとともに，リスク予防保全策としてリスク分担案とリスク対策案を仮説として検討する．

　PFI事業におけるリスク分担等に関するガイドラインを参照すること，可能であれば，過去の類似PFI事業の各種資料の活用や受発注者へのヒアリングも有効である．

○リスクの抽出

　PFI事業におけるリスク分担等に関するガイドラインや，過去の類似PFI事業の各種資料等を活用し，当該事業のリスクを把握する．そのリスクのうち，リスクの発現により事業の費用や工期，安全性や環境影響などに多大な影響を及ぼし得るリスクを抽出する．

○リスク分担案・リスク対策案の検討

　各リスクの発現要因・技術的特徴を踏まえ，官民のどちらが当該リスクをよりコントロールし得るかという観点から検討する．行政手続きや設計条件の変更など官側の事由によるリスクや，用地取得や住民反対などの当該事業の実施に由来するリスクは官が負担し，設計や施工の不備，予算超過や工期超過のリスク，完工リスクなど，技術的なリスクは民が負担することが一般的である．

　リスクの発現による影響やその対策に多大な費用を要する場合には，リスク負担能力の観点から官民リスク分担を検討する必要がある．例えば，フォースマジュールと呼ばれる大地震や大津波などの破滅的な自然災害，戦争，テロ，暴動など，官民双方がコントロールし得ない不可抗力については官がリスクを分担するのが通常である．また，一定水準のリスクコントロールや対策は民が取り得るリスクについては，当該水準のリスクは民が，当該水準を超えるリス

クは官が負担する官民分担の方法もある（例えば，地震被害について震度6弱までは民，震度6強からは官がリスクを負担するなど）．

○事前ヒアリング等による検証

　民間事業者への事前ヒアリング（マーケットサウンディング）が行われる場合には，これを通じて仮説としての抽出リスクとリスク分担案とリスク対策案の検証を行う．こうした検討・検証を経て，事業主体はリスク予防保全策を実施方針案や要求水準書案等に反映する．また，重要なリスク予防保全対策については，求められる提案の姿も含めて審査項目にも反映する．

　なお，こうした検討は，PFI事業に限らず，従来型公共事業方式においても同様に検討することが望まれる．

【事業者の募集・選定段階】

○募集段階

　事前ヒアリングとは異なり，募集・選定の過程においては，民間事業者は自らが当該PFI事業を受託することを前提としてビジネスとしてリスク予防保全対策を具体的且つ詳細に検討を行う．そこでは，事業主体が気づかなかった視点や想定していなかった工法・サービス提供方法などを前提にしている可能性もある．したがって，そうした民間事業者からのリスク予防保全策に対する質問や要望に対しては，その背景にある考え方を適切に理解し，リスク予防保全策を精査し，必要に応じて見直した上で，適切に回答する．リスク予防保全策を見直す場合には，実施方針案や要求水準書案等に反映する．

○事業者選定段階

　民間事業者のリスク予防保全対策の提案が，実施方針や要求水準書等に整合し当該事業の的確な実施に資する優れたものであるかを審査する．ただし，実施方針や要求水準書等と不整合がある場合でも，特に対話が認められる場合には，その背景にある考え方を理解しその受け容れ可能性を検討する必要がある．

○契約段階

　発注者と選定事業者は，リスク予防保全対策について細部にわたって背景や意図，内容を理解し合意した上で，その内容を契約書に的確に盛り込むことにより，相互に法的拘束力をもつ対策となる．ただし，現実の事業においては，契約に規定のない想定外の事象が生起することもある．VFM向上という視点から，官民が連携し相互に補完しながら柔軟に対応することが求められる．

5.3.2 VFM の向上をめざした対話

> PFI 事業の VFM の向上には PSC と比較したコストダウンだけでなく，サービス水準の向上が有用であるが，そのためには事業の企画段階から民間事業者の持つアイデア/ノウハウを取り入れ，サービス水準の向上を具体化する必要がある．具体化には，企画構想段階から事業者選定段階まで，事業発注者と事業者との建設的且つ有効な対話が不可欠である．

　以下では，PFI 事業の事業プロセスに沿って，各段階での民間事業者との対話における手法・留意点を述べる．

　【企画構想〜基本構想段階】この段階での対話は，民間事業者からの事業の内容の提案（以下，「民間提案」）という形で行われる．その際 PFI 法に基づく民間提案か否かをあらかじめ管理者と提案者の間で確認しておくことが望ましい．

　これまでの民間提案に関しては，内閣府民間資金等活用事業推進委員会がまとめた「PFI 事業民間提案推進マニュアル」[9]に詳しい．ここでは，詳細な手順及び『別冊 提案書（フォーマット案）』が示され，民間提案を実施する際に事業管理者が実施すべき内容に加え，PFI 事業において実施された事例が紹介されている．このマニュアルでの規定は，サービス購入型事業における VFM の定義が，当初の PSC と PFI-LCC との差であることに変わりはなく，サービス水準向上による VFM の増加に関する提案方法や評価方法が示されているわけではない．サービス水準向上がもたらす VFM 増加の定量化が求められている．

【可能性調査〜実施方針公表段階】可能性調査（実施方針作成段階）では，事業管理者による市場調査として，民間事業者との対話が実施される．この際，特定の民間事業者のみに当該 PFI 事業の情報が伝えられる可能性もあり，競争性が欠如しないような配慮が必要になる．

　実施方針公表後（特定事業選定段階）では，民間事業者からの意見を受け付ける際，質問を受け付けて回答を公表する形が一般的である．この場合，質問内容に質問者の独自の提案内容の質問が含まれている場合などでは，公表方法に配慮する必要がある．また，質問者が独自に提案する内容に関する確認が必要な場合などは個別の対話による確認が必要になる場合がある．

【提案書作成段階】この段階では，実施方針とともに要求水準書，契約書案，

選定基準等が公表されていることが望ましい．しかしながら，特に要求水準書が明確に規定できない事業などでは，提案書作成（民間事業者公募）段階の前に，要求水準書を明確に提示せずに，公募する民間事業者との対話を通じて，要求水準書を作成/最終化することが可能である．この方式は競争的対話方式と呼ばれ，内閣府のまとめた「PFI 事業実施プロセスに関するガイドライン」[10]等に詳しい．この方式を活用する場合は，提案内容の概略などから対話参加企業や，対話結果による提案書提出企業を 3 社程度に絞り込むことも可能である．

　一方，総合評価一般入札方式において，事業管理者が提案書のみでは要求水準を満たしているかどうかが明確に判別できない場合は，公共工事の品質確保に関する法律に準じて技術提案制度を活用し，技術対話の実施が可能である．技術対話では最も優れた提案を基に予定価格を作成することから，技術提案後に当初想定した要求水準よりサービス水準が向上する可能性がある．その場合は，結果的に競争的対話方式に準じた結果が得られることになる．

【提案書審査〜事業者選定段階】民間提案のインセンティブを高めるためにも，この段階において，民間提案を実施した民間事業者に対して，公平性・透明性・競争性の確保に留意しつつ，加点評価を実施する等が必要になる．一般的に知的財産に該当するものが評価対象となる場合が多いが，知的財産に該当しないものについても加点対象に含める等の柔軟な対応が求められる．また，提案書の評価基準に加点方法の詳細を記載して公表することが望ましい．

　以上の企画構想〜事業者選定段階の事業発注者と事業者の対話については，内閣府・総務省・国土交通省がまとめた「PPP 事業における官民対話・事業者選定プロセスに関する運用ガイド」[11]において対話の方法・タイミング等により類型化されている．事業発注者が主体的になり複数の事業候補者等と対話する『マーケットサウンディング型』，事業候補者によるアイデア・工夫を含んだ提案を募集し，提案採用決定後に採用された提案を提出した事業候補者と対話をし，事業選定時にインセンティブを付与する『提案インセンティブ付与型』，基本構想段階で民間から提案を受け付けて優先交渉順位付けを行い，事業の具体化において競争的対話を実施する『選抜・交渉型』などである．

　また，事業発注者と事業者だけでなく，PPP 事業のユーザーである市民との対話の事業内容への反映が質の向上に繋がるため，事業発注者と市民との対話（市民対話）が PPP 事業に先進的な自治体において重要度が増している．

5.3.3 VFM 向上のためのモニタリング

> PFI 事業の事業プロセスにおける各段階での適切なモニタリングの実践により VFM が向上する．中でも特に入札公告前の公共側と事業者側とのワークショップによるモニタリング手法の共有や，要求水準達成状況に応じた事業者へのインセンティブの付与等が重要である．

　以下では，PFI 事業の事業プロセスに沿って，行政及び民間事業者の立場から見たモニタリングの手法・留意点を述べる．なお，行政モニタリングでは，金融機関との協定締結等により民間事業者が提出した財務資料の精査等の実施が望ましいが，ここでは割愛する（詳細は参考文献 12),13) を参照されたい）．
【実施方針策定及び公表段階】
　この段階でモニタリング計画案を検討・公表することにより，発注者意向の反映及び事業者のモニタリングに必要な費用の早期把握等を図ることが重要となる．モニタリング計画案では，設計，建設，維持管理・運営等の各段階におけるモニタリングの内容・方法や，要求水準が満たされない場合の対応等を検討する．ただし，性能規定として事業者の裁量を一定程度，確保することが重要となる．発注者はアドバイザーと協働しながらリスクワークショップの開催を検討することが望ましい．ワークショップでは，アベイラビリティの確保に関するリスクの洗い出しやリスク分担表の作成，リスクマネジメント手法を検討し，事業者にモニタリング内容を十分認識してもらうことが重要となる．
【事業者の募集・選定段階】
　事業者の意見を踏まえ，入札公告資料案の内容を精査し，入札公告資料として，要求水準書，事業契約書案，モニタリング計画案等を作成する．事業者からの意見・質疑に回答し，入札公告資料等に反映すべき事項を整理する．モニタリング計画案において，維持管理・運営業務に KPI の考え方を適用する場合は，支払額への影響を考慮し，要求水準と指標の考え方，代替案の事業者からの提案等について，事業者との協議・調整が重要となる．
【事業者の選定後，事業契約段階】
　事業者を選定した後，リスクに対する相互理解を確認するためのワークショップを開催する．ワークショップを通じ，入札公告時のリスク分担表の抜け漏れやそのリスク分担の確認及びモニタリング手法を検討する．事業者は，提案

内容，ワークショップ協議内容等を踏まえ，セルフモニタリング計画案を作成し，発注者へ提出する．

【設計段階】

　事業者はセルフモニタリング計画に基づき，設計開始前に要求性能確認計画書を作成し，発注者の確認を受ける．設計モニタリングにあたっては，事業契約締結後に適宜，協議し設計変更等に伴う新たなリスクが発生する場合にはモニタリング計画の変更が重要である．発注者は事業者が実施するセルフモニタリング結果と設計図書等を基本設計終了時，実施設計終了時に確認する．

【建設段階】

　事業者はセルフモニタリング計画に基づき，工事着手前に要求性能確認計画書を作成し，発注者の確認を受ける．発注者は原則，定期的に関係者協議を行う．この時，実施設計図書に基づき施工していく中で，設計変更等が生じた場合，新たな事業リスクの把握やモニタリング手法等についても確認することが重要である．工事完了検査は事業契約書の規定に基づき行う．

【維持管理・運営段階】

　事業者はセルフモニタリング計画に基づき，維持管理・運営開始前に維持管理・運営段階の業務仕様書を作成する．発注者は事業者と協議し，モニタリング手法・モニタリング項目の重み付け，評価基準，業務改善要求措置，サービス対価の支払方法等を記載したモニタリング計画の最終設定を行う．維持管理・運営段階においては，関係者間の協議を継続的に開催し，業務において発生した問題を把握しその対応を協議する．また，危機管理マニュアルの作成や危機管理に対する訓練・教育等を確認することが重要である．

【事業の終了段階】

　事業者は事業契約書の規定に従い，事業終了時に施設の現状及びこれまでの維持管理修繕の履歴が確認できる完成図書を作成し，発注者に提出する．発注者は事業者が作成した資料について説明を求め，要求水準を満足しているかを確認する．事業終了後，隠れた瑕疵の有無等，施設の安全性の把握にも努めることが重要である．

5.4 リスクの定量手法

5.4.1 リスクマネジメントの手順

> リスクマネジメントは，一般に①リスクの認識，②リスクの計測，③リスク対応手段の検討，実行，④リスクの評価の4つのフェーズで説明される．本節では，これらの概略を整理するとともにVFMへの反映方法についても考え方を簡単に整理する．

　一般にリスクマネジメントでは，①リスクの認識，②リスクの計測，③リスク対応手段の検討，実行，④リスクの評価の4つのフェーズに分けて議論される．ここでは，VFMへのリスク評価の導入の理解を深めるため，リスクマネジメント全般について，その概略を記述することとする．なお，詳細についてはインフラPFI/PPP研究小委員会HP[1),14)]等を参照いただきたい．

【①リスクの確認】

　リスクの確認においては，事業のプロセスに内在するリスクをその影響や発生頻度の大きさにとらわれることなく，すべて列挙する必要がある．リスクを列挙するにあたっては，まず，プロジェクトに関与する一人ひとりが，個々それぞれの立場や知識，経験に基づいて幅広い見地から行うことが望まれる．次いで，PFI事業全体でのリスクの確認を行う．このときは，設計，建設から運営，維持管理まで幅広く専門的見地から，共同作業の中で一つ一つのリスクの確認を行う必要がある．

【②リスクの計測】

　リスクの計測においては，上記で抽出されたリスクがどの程度発生しやすいか，また発生した場合にどのくらい影響が及ぶかについて明らかにする．リスクの定量化の手法については様々あるが，本書においては，リスクランキングマトリクスを用いた手法を中心に紹介する．発生確率，影響度ともに主観的なランキング付けを行う方法が主体となる．この方法では，プロジェクト関係者の知識や経験に基づいたリスクへの判断が重要となる．これ以外の手法として確率分布を用いた方法の概略を補.2に示した．その他の方法も提案されている．詳細データの入手の可否によって，評価の時点で精度や算定時間を勘案し，適切に選択する必要がある．

【③リスク対応手段の検討，実行】

　計測されたリスクに基づいて，それぞれのリスクへの対応方針，対応の具体的手法を検討する．通常のリスクマネジメントでは，リスクへの対応方針としてリスクの「1.保有」「2.低減」「3.回避」「4.移転」の4つの方法を検討する．この結果如何によって，官が保有すべきリスクと民間へ移転した方が効率的と考えられるリスクに，仕分けの方針が異なってくる可能性もある．PFI事業における官民のリスク分担の基本的考え方では，「官民いずれかの分担に対してはどちらがより適切に効率的にリスクを管理できるか」が重要になる．リスク対応手段の検討段階等において，この辺りの検討を適切に行うとともに，これらに基づいて具体的施策を確実に実行していく必要がある．

【④リスクの評価】

　以上の手順によって検討されたリスクに対して，実際に事業が進捗していく中で発生した様々な状況をモニタリングし評価する．検討した事前対策の効果を精査し，リスク（イベントの発生）が回避されているかどうかを，次のマネジメントサイクルに反映させることも考慮する．また，これらの結果を次の新たなプロジェクトでも活かしていくようなフィードバックも重要となる．

【VFMへの反映】

　認識されたリスクの定量化の結果から，発生確率が高い，または影響度が大きいリスクを重要度の高いリスクとして抽出する．重要度が高いと判定されたリスクについては，リスクの発生要因，影響度，対応のクリティカル性，おおよその発生確率等の定量的評価を行うとともに，官民の分担状況に応じた経済的評価を行う．リスクの定量分析では，個々のリスクに関する定量化の手法として，個別イベントの発生確率の算出方法，発生確率を用いての事業全体のリスク定量分析への展開方法，これらの手法を使ったVFMの評価方法等について記述している．

　リスクマネジメントの議論の中では，抽出されたリスクに関する対応方策が検討される．しかしPFI事業におけるリスクマネジメントは，それぞれのリスクを分担する主体が，持っているマネジメント技術を駆使して対応することになる．このなかでは，各主体（官民）のリスク管理の特性が議論されるべきであり，民間に移転する場合には，契約上の競争条件に含まれることにもなる．

5.4.2　リスクの認識

> リスク認識の目的は，事業に影響が及ぶと想定されるリスクのすべてをリストアップすることである．認識されたリスクは，リスク相互の連続性などを考慮し，当該リスク(イベント)とその要因及び影響に区別する必要がある．対策と影響度の関係から VFM を評価するための準備作業となる．

　リスクの認識は，すべてのリスクマネジメントに先立って実施される基本的プロセスであり，認識の成否は以降のリスクマネジメントや VFM に重大な影響を及ぼすこととなる．この段階で抽出されたリスク項目に漏れや抜けがあれば，その項目は以降の VFM マネジメントプロセスでは扱われる機会が無くなる可能性もある．したがって，リスクの認識については細心の注意を払うとともに，関係者一同の経験や知識，専門家の意見などを最大限に活用し，できるだけ多く知見を集約することで，広くリスク特定を行っていく必要がある．

【リスクの認識方法】

　リスクの認識方法は大きく分けて二つの方法が考えられる．一つは，過去の類似事例を基に当該事業で想定されるリスクを抽出する方法であり，もう一つは事業に関係する関係者一同の経験や知識を基にリスクを抽出する方法である．これら二つの方法は相反する方法ではなく，適宜統合して活用し，できるだけ多くのリスクを認識することが重要となる．

　リスクの認識には，関係者や関連情報を一堂に集めて議論，検討しながらリスクの認識を進めて行くブレーンストーミングを活用する．ブレーンストーミングに参加するメンバーの数や要する時間の違いにより，様々な呼び名が用いられるが，本章では，その一つの方法としてリスクワークショップを取り上げている．詳細は後述するが，リスクワークショップでは，事業の局面ごとの関係者が一堂に会し，一定の時間をしっかりと確保した中で，ファシリテーターと呼ばれる進行役を中心にブレーンストーミングを進める．一方，小規模な事業においては，プロジェクトのマネジメント会議においてリスクを検討することもあり，参加者や参加形態を柔軟に運用することが望まれる．以下に，考えられるリスク検討会の形式を整理した．呼び名については，特に定めがあるわけではない．

①リスクワークショップ：詳細は 5.5 に記述するが，ファシリテーターが進行

　役をつとめ，主要な利害関係者は各代表者すべてが参加し検討する．

②拡大リスク検討会：主要な職員及び外部関係機関の職員が参加し，会議によってリスクの認識と評価を行う．

③プロジェクトマネジメント会議：例えば発注者内でプロジェクトの進捗管理を行う会議において，事業に関係するリスク抽出を行う．

これらにおいて重要なのは，ブレーンストーミングの形態によらず，関係者等の間で知見や考え，場合によってはひらめき等を出し尽くすことにある．

【リスク認識のための作業】

①ワークショップなどのリスク検討会に先立ってのリスク項目の抽出

　リスク認識のための第一ステップとして，まず，リスク検討会の参加者それぞれが，検討会の実施に先立ち，自らの過去の経験や技術的知見，同種事業における過去の事例等から，顕在する可能性のあるリスク項目を抽出する．また，関連するリスク事例等も整理しておく．この段階では，リスク検討会の参加者が一人一人事前に行う個別作業が主体となる．

②リスク検討会によるリスクの認識

　個人個人が抽出したリスク項目を基に，リスク検討会における討議・検討を通じて，当該事業全体におけるリスクの認識を行う．リスクの認識については，事業の段階ごとに検討することが望ましい．また，抽出項目の漏れや抜けを避けるために，個々の参加者の担当分野にこだわらず，できるだけ多くのリスク項目を列挙することに心がける必要がある．

【認識されるリスクの具体例】

　リスクの認識作業を行う際に検討されうるリスクの具体的な事例は，掲載した参考文献で検討されている．検討の結果として，認識された各リスクを構成する「要因」と「イベント」の組み合わせを整理し，そのうち，特に「要因」について分類ごとにその詳細例を示したものをさらに抽出する．

　事業の過程で生じるリスクは，当該リスクのイベントが次のリスクのイベントを引き起こし，さらに次のリスクへと連鎖的に繋がることもしばしばである．ここで認識されるリスク項目は，これら（他のリスクに連鎖的に繋がる類）のリスクイベントを中心に抽出することとなるが，場合によっては連続して発生するリスク項目はすべて抽出し，その後のリスク把握やリスクの定量的分析の段階で絞り込むことも考えられる．

5.4.3　リスク定量化の方法

> リスクを VFM に明示的に組み込むためには，何らかの形でリスクを定量的に評価する必要がある．発生確率や影響度に関して十分な統計的データ蓄積がない場合には「大・中・小」などの基数尺度での評価を行う．

　前の段階で認識された個々のリスクは，事業費や工期などに多大な影響を与えるものから，影響が小さく容易に制御可能なものまで混在している．個々のリスクが実際の事業にどの程度影響を与えるかについては，それぞれに吟味する必要がある．また，顕在化したリスクが及ぼす影響（費用超過，事業遅延）についても，リスクの性質や事業の特性によって異なる．リスク定量化では，これらの影響を具体的な値として割り付ける作業となる．個々のリスクの発生確率や影響度に関して十分な統計的データ蓄積がない場合には，表 5-3〜表 5-5 の各種マトリクスを活用したリスク定量化の作業を行う．これによりリスク対策の費用，期間とその影響度，発生確率の概略を想定する．

　ここで，リスク定量化に関しての一つの例を提示する．いま，ある地中構造物の整備事業を通常の開削工法で行う計画を立てたとする．事前のリスクワークショップでは，一部区間の地下水位が高い可能性があることが懸念された．もしも地下水位が高ければ，開削には矢板による土止めの追加費用が必要になり，工期の遅延も予想される．このようなリスクの顕在化が予見される事業において VFM を算定するには，PSC 事業費にはリスク顕在時の追加費用や工期遅延の確率的期待値を加算しておく必要がある．一方，地下水位が高いことが確定していれば，対策工法の費用がすでに PSC に組み込まれることになり，当然のことながらリスク対策費用の加算は行わない．

　この例では，対策を「矢板による土止め」としているため，費用，期間についてはある程度の想定は可能である．しかし，その一方で認識されたリスクの発生確率や規模（例えば，地下水位の高い区間の延長）が不確実であれば，そのランキングを評価し費用や期間に反映させる必要がある．

　リスク定量化の方法は，まず，ランク付けの目安（表 5-3，表 5-4）からリスクが顕在化した場合の追加費用や期間延長の期待値を求める．この場合，例えば，「近傍の工事では地下水位はそれ程問題にはなっていなかったが，工事を行う場所で地下水位が高くなる可能性があるかもしれない．」などといった状況

を評価する必要がある．これを，表 5-3 に沿って発生確率として「高い」「中程度」「低い」を判定する．また，その事象が発生した場合の事業全体への影響度（費用，期間両方）も，表 5-4 から「高い」「中程度」「低い」を判断する．より具体的には，リスクのランクにしたがって表 5-3 に示された発生確率が中程度であれば表 5-3 より，10〜30%→仮に 20% を入れる．ひとたびリスクが顕在化した場合，費用，期間への影響度がそれぞれ「低い」「中程度」であれば，表 5-4 より金額は 0〜0.5 百万円の中間で 0.25 百万円の損失，期間は 1〜3 年の中間で 2 年とする．こうして，当該リスクの損失の期待値が，金額で 0.05 百万円（＝0.25 百万円×20%），期間で 0.4 年（＝2 年×20%）と算定される．実際の事業においては，費用や期間への影響は検討するリスクごとにリスクワークショップなどにおいて，実績値も含め適切な値が設定されることが望まれる．

表 5-3　発生確率のランク（例）

ランク	発生確率（%）
高い	30 以上
中程度	10〜30 未満
低い	0〜10 未満

表 5-4　費用と期間のランク（工事時の地質リスクの例）

ランク	費用への影響		期間への影響
	金額（百万円）	超過率（%）	
高い	2.0 以上	7 以上	3 年以上
中程度	0.5〜2.0 未満	3〜7 未満	1〜3 年
低い	0.5 未満	0〜3 未満	1 年未満

表 5-5　リスクランキングマトリクス

		発生確率		
		低い	中程度	高い
費用	低い	1	2	3
	中程度	2	4	6
期間	高い	3	6	9

出典（表 5-3〜表 5-5）：土木学会建設マネジメント委員会インフラ PFI/PPP 研究小委員会：道路事業におけるリスクマネジメントマニュアル（Ver.1.0）（リスクマネジメント部会報告書），2010. [1]

5.4.4 リスクレジスターと重要リスクへの対応

> 抽出されたすべてのリスクはリスクレジスターと呼ばれる一覧表で一括管理する．リスクレジスターには前節の定量評価の情報の他，リスクを分担する主体や対応方法も併せて記載する．また，リスク重要度の判定結果や抽出されたリスクランキング結果を基に，リスクワークショップなどで詳細検討が必要と判断された「重要リスク」を明確化し抽出する．

【リスクレジスター】

　抽出されたすべてのリスクはリスクレジスターと呼ばれる一覧表で一括管理する．リスクレジスターの一例を表 5-6 に示す．この表において，「リスク項目」は 5.4.2 の「リスクの認識」で得られたリスクについて，プロジェクトへの影響度の高低にかかわらずすべて記載する．「発生段階」には，設計，建設，運営，資金調達等リスクの発生が想定される段階を記載する．「事前リスク評価」には，5.4.3 で検討した定量化の結果を項目ごとに記載する．このうち，「重要度」には算定された具体的値（費用，期間）を記載し，「影響度」はリスクランキングマトリクス（表 5-5）の結果を記載する．「対応者/対応策」には抽出された各リスクに対して，誰がどのように対策を講じるかを記載する．最後の「事後リスク評価ランキング」には，プロジェクトが終了した段階での評価結果を記載する．この項目は事後評価の一部として活用も考えており，他の事業のリスク評価の基礎資料にもなる．また，リスクレジスターに新たに欄を設けて官民分担表として活用することも可能である．

【重要リスクへの対応】

　リスクレジスターにおけるリスク重要度の判定結果や抽出された個々のリスク項目に関するランキング結果を基に，詳細な検討が必要とされる「重要リスク」を「リスク配分マトリックス（表 5-7）」に抽出する．抽出された重要リスクは，リスクレジスターの重要度評価の順位にしたがって上位から順に位置づける．確認されたリスクの中から VFM に大きく影響すると考えられるリスクのみを特定して次の検討に移る．

　リスク配分マトリックスでは，特定されたリスクは最左欄に記入することになる．ここにはリスクレジスター（表 5-6）で影響度が「6 点以上」にランク分けされたリスクのみを「重要リスク」として記入すればよい．ただし，ランク

分けされたリスクランキングの中で，影響度が「3点〜4点」のリスクは，さらにもう一度ランク分けすることもある．重要リスクの抽出に関しては，ランク分けされた点数で一義的に行うばかりでなく，事業費や事業期間への影響が少ないランクの低いリスクであっても，複雑な構造を抱え解決が困難なリスク項目であれば，リスク配分マトリクスに記載するようにするとよい．リスク配分マトリクスでは「影響の及ぶプロジェクトの主要な事業の事項」としてチェックを入れることで，リスク対策を講じるべき責任主体を明確にしておく必要がある．

表 5-6　リスクレジスターの例

No.	リスク項目（例）	発生段階	事前リスク評価					対応者／対応策	事後リスク評価ランキング	備　考
			発生確率	影響度（費用）	影響度（期間）	重要度（費用）	重要度（期間）			
1	自然公園における景観協議	設計協議	2	1	2	2	4	事前にトンネル計画・設計をしていることで悪化要因を回避		
2	地盤譲許の差異による構造変更のための作業のやり直し	設計協議	3	2	1	6	3	ボーリング数を増加する。		
3	借地借上げ上の権利を確定できない	用地買収	3	1	2	3	6	収用して供託する。裁判を行う。		
4	代替地が見つからない	用地買収	3	1	2	3	6	自身で探す。行政や地元精通者に依頼。差額は金銭で清算		
5	地下埋設物への対応	工事	2	3	2	6	4	図面上の資料と実際の乖離はあり得る。簡単な場合は現場対応		
..										

表 5-7　リスク配分マトリクス

リスク配分マトリックス（○○段階）									
事業名：○○道路第△期事業（□□工区）									時間評価（週単位）
リスク		影響の及ぶ主要な事業の事項							
番号	内容	行政的	技術的	環境影響緩和	社会条件	用地	施工への影響	関連事業	注釈	クリティカル
1	地域分断による道路構造の変更	✓	✓	✓	✓					12
2	相互の単価の乖離による用地交渉の難航				✓	✓				30
3	地質条件の変化によるトンネル掘削の変更		✓				✓			10
4	価値ある文化財の発見	✓	✓				✓			15
5										
6										

出典（表 5-6〜表 5-7）：土木学会建設マネジメント委員会インフラ PFI/PPP 研究小委員会：道路事業におけるリスクマネジメントマニュアル（Ver.1.0）（リスクマネジメント部会報告書），2010. [1)]

5.5 リスクワークショップ

> リスクワークショップは事業の実施者が主体的に行うリスクマネジメント手法であり，事業に関係するすべての主体が参加するのが望ましい．また，リスクワークショップは PFI 事業のリスクマネジメントに精通するファシリテーターによって進行されることが望ましい．

　リスクワークショップは VFM マネジメントを行う上で，極めて重要なツールとなる．リスクワークショップの方法については，参考文献 [14] を参照されたい．本書においては，リスクワークショップの要点のみ示す．

【リスクワークショップの概要】

　リスクワークショップでは，事業に影響を与える可能性のあるリスクをすべて抽出しリスクレジスターに記載する．リスクワークショップの範囲によっては，リスクレジスターにはリスクの評価結果の他，対応が必要とされるリスク緩和施策についても記載する．リスクの定量化は，ワークショップの中でも行い，その後のリスクのモデル化や対応に繋げていく．ワークショップで得られた成果を利用し，進行中のリスクマネジメントに活用する．リスクワークショップは，ブレーンストーミングによってリスクの抽出，明確な認識，評価等を行い，リスクの対応策を検討するための基礎資料を得ることとなる．リスクワークショップでの検討事項を再度，以下に取りまとめる．

- ・リスクの洗い出し．重要度認識の共有化
- ・各リスク項目についての責任分担の明確化
- ・事前対策の検討
- ・情報と知識の共有（責任者から担当者まで）

【リスクワークショップの参加者】

　リスクワークショップは事業の実施者を主体として行われるべきであり，事業に関係するすべての主体が構成メンバーとなるのが望ましい．また，ワークショップの参加メンバーは，事業に精通し設計や施工等に関与する者であることが望ましい．リスクワークショップには，ワークショップを円滑に進行し多くの適切な情報を引き出すファシリテーターの参加が不可欠である．

　　○道路事業におけるリスクワークショップの参加者（例）

- ・プロジェクトリーダー（事務所長，副所長等）

・調査・計画担当部署（調査課）

・工事発注実施担当部署（工務課）

・用地買収担当部署（用地課）

・維持管理担当部署（維持課）

※各部署から現場担当者を中心に 2〜3 名参加

※上記は設計段階での参加者の例である. 事業の進捗段階ごとにそれぞれ
の専門家（金融，法律）の参加が必要な場合や，技術的な観点での専門
家を含める場合も想定する必要がある.

なお，リスクワークショップの大まかな流れを，図 5-4 に示す. 状況よって
は，リスクワークショップの中でリスクの対応方策の検討まで討議される場合
もあり，柔軟な対応が望まれる.

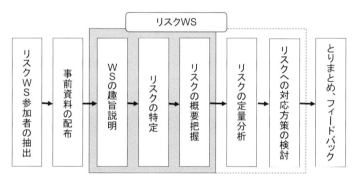

図 5-4　ワークショップの流れ

出典：土木学会建設マネジメント委員会インフラ PFI/PPP 研究小委員会：道路
事業におけるリスクマネジメントマニュアル（Ver.1.0）（リスクマネジメント部
会報告書），2010[1]. を基に著者作成

【ファシリテーター】

ファシリテーターはリスクワークショップを主宰し，ワークショップの参加
者からリスクに対する意見や考えを引き出す. ファシリテーターは，リスク分
析を専門とする第三者によって進められることが望ましい. しかし，状況に応
じて，プロジェクトのマネジメント職によって進められる場合もある.

第三者によってリスクワークショップを進める主なメリットとしては，

①通常の仕事の立場上での上下関係にかかわらず，満遍なく意見を聞くことができる．

②当該プロジェクトに参画していないことから，現場での先入観やしがらみなく考察ができる．

などが挙げられる．また，ファシリテーターはリスクワークショップ終了後ワークショップで議論された内容をとりまとめるとともに，ワークショップで明らかになった重要リスクに対する評価の結果や対応策について，ワークショップ後に報告書を提出して参加者全員に内容の確認を取る必要がある．詳細についてはリスクファシリテーターマニュアル [14]等を参照されたい．

参考文献

1) 土木学会建設マネジメント委員会インフラ PFI/PPP 研究小委員会：道路事業におけるリスクマネジメントマニュアル（Ver.1.0）（リスクマネジメント部会報告書），2010.

    <http://www.jsce.or.jp/committee/cmc/infra-pfi/activity.html>

2) 渡会英明：PFI 事業における VFM の再定義，第 28 回建設マネジメント問題に関する研究発表・討論会，2010.

3) 内閣府：VFM（Value For Money）に関するガイドライン，2015.

4) 国土交通省：VFM 簡易算定モデルマニュアル，平成 29 年 4 月．

5) 内閣府民間資金等活用事業推進室：地方公共団体向けサービス購入型 PFI 事業実施手続き簡易化マニュアル，2014.

6) 株式会社民間資金等活用事業推進機構：自治体担当者のための PFI 実践ガイドブック，2019.

7) 国土交通省：官民連携事業の導入検討プロセスにおける情報整備手法等検討業務・報告書，2016.

8) Department of Infrastructure and Regional Development (Australian Government), National Public Private Partnership Guidelines Overview,2008 ．

9) 内閣府：PFI 事業民間提案推進マニュアル，平成 26 年 9 月．

10) 内閣府：PFI 事業実施プロセスに関するガイドライン，平成 27 年 12 月．

11) 内閣府・総務省・国土交通省：PPP 事業における官民対話・事業者選定プ

ロセスに関する運用ガイド，平成 28 年 10 月.

12)　内閣府：モニタリングに関するガイドライン（改訂版），平成 27 年 12 月 18 日.

13)　国土交通省：国土交通省所管事業への PFI 活用に関する発注担当者向け参考書（改訂版）「モニタリング(業績監視)について」，平成 21 年 3 月 26 日.

14)　土木学会建設マネジメント委員会インフラ PFI/PPP 研究小委員会：　道路プロジェクトにおけるリスクワークショップファシリテーターマニュアル（リスクマネジメント部会報告書），2007.

<http://www.jsce.or.jp/committee/cmc/infra-pfi/activity.html>

第Ⅲ部

補.1　PPP/PFI の諸論点に関する学問的背景

補.1.1　PPP の定義を巡る問題

PPP とは，政府・自治体（以下「政府等」）と民間企業が長期の有期契約を締結した上で，特定する公共インフラの事業に関し，政府等から指定されたサービス品質要件に基づいて，民間企業が，当該公共インフラ施設の設計，建設・更新，運営，維持管理に携わり，公共インフラサービスを提供し，その対価を政府等もしくは利用者から受け取る契約上の仕組みのことを言う．

　補 1.3 で詳述するように，政府等は，公共インフラサービスの非排除性及び非競合性などに起因する市場の失敗を受けて，公共インフラサービスの提供を純粋な市場メカニズムに委ねていない．また，公共インフラサービスの提供に一義的な責任を負っている政府等は，より高い社会厚生を達成するために，積極的に公共インフラサービスに関与している．

　政府等がその責任を全うするための手法には，大きく分類すると３つの方法がある．ひとつは伝統的な「公共事業」によるもので，政府自らがそのインフラサービスの提供主体となる．第 2 の方法は，「民営化」であり，政府は規制の枠組みだけを策定し，民間企業が政府から事業権の認可を受けて，政府の策定する規制の下で公共インフラサービスを提供する．第 3 の方法は上記の通り定義された PPP である．

　政府等は，公共事業を通じて自らが公共インフラサービスの提供を行っている場合においても，そのすべてを自らが直接行っているわけではなく，その業務の多くを民間企業との契約に基づいて調達している．設備の設計・新設・更新，あるいは施設の維持管理業務や運営支援業務などについては，政府は民間企業との契約を通じてその業務ごとに個別に依存していることが多い．政府等自らが，そうした業務を行う組織を抱えることが効率的でないからである．

　PPP においては，政府が特定の事業を指定し，一定の長期の期間を設定したうえで，これまで個別に発注していた複数の工程を一括して民間企業に委ねる．その際に，最終的なサービスの要求水準を明示して民間企業の責任を明確にする一方で，最終的なサービスの要求水準に至る設計・建設・維持管理のあり方などを事細かには指定せず，民間企業の判断と責任に任せることで，民間企業

が有する優位性を最大限に活用する．これが PPP を特徴づける一括発注（bundling），性能発注の考え方である．したがって，PPP を定義づける要素としては，1) 政府の特定した事業であること，2) 有期かつ長期の官民間契約に基づくもの，3) 複数の工程をまとめて一括して民間事業者（特別目的会社たる SPC）に性能発注していることが挙げられる．

　この考え方の重要な前提には，政府等が求める最終的なサービスの要求水準を，官民間の契約において強制執行可能な水準で明確に規定できる必要性（Contractibility）がある．また，この Contractibility が確保されることを条件に，複数工程を一括して任された民間事業者には，最終的に要求されたサービス品質の達成に基づきその対価を受け取ることを通じて（Performance-based contract），事業の途中経過ではなく，あくまでも最終的なアウトプットの創出に関して強いコミットメントが求められている．この点は，公共事業において政府が個別契約を通じて個別の工程を民間企業に発注することとの大きな相違点である．現に，施設利用者からの利用料収入が事業者にとっての唯一の対価となる場合や，海外では一般的である厳密な Availability Payment 契約においては，民間事業者は施設整備を行っただけではその対価を受け取ることができない．なお，本書で対象となっている PPP は，我が国においてサービス購入型 PFI と呼ばれる契約形態であるが，その基本的な考え方は Availability Payment 契約方式のひとつであり多様なバリエーションが存在する．ただし，海外での Availability Payment 契約では，サービスの提供可能な状態（availability）が確保されない限り，運営対価のみならず施設整備相当の対価支払も停止されることが一般的である．

　一方で，PPP は一時的な民営化（temporary privatization）であるとも言われることが多い．しかしながら，民営化と PPP はその概念が根本的に大きく異なる．広義の民営化には，国営企業の改組に始まる民営化だけでなく，最初から民間企業が公益事業を行うものも含まれる．民営化のもとでは，民間企業による事業は，無期・永続的なものである．また，認可された事業権に付与された条件にその事業のあり方は大きく制約されるものの，事業資産の所有権は通常は制限されることなく事業者自身にあり，最初の事業権の申請，事業・投資計画策定，サービスの仕様，価格設定などはすべて事業者の発意に基づくものであり，当然のことながら，民間企業によるその裁量権も責任も PPP よりも大きくなる．

補.1.2 VFM 評価における割引率

> PFI では，民間資金を原資として投資が行われる．公共投資の費用対効果分析では，理論的には社会的割引率を適用すべきであるが，ここではサービス購入型 PFI を対象として，VFM 評価で用いるべき割引率の考え方について整理しておく．

割引率には，公共投資に用いられる割引率と民間投資で用いられる割引率があり，VFM の評価にはどちらの割引率を用いるべきかという問いを聞くことがある．結論から言えば，「公共投資に用いられる割引率，すなわち社会的割引率を用いるべきである」ということになるが，民間投資の割引率も VFM には効いてくる．このことを以下で見ていこう．

まず，割引率の概念から，簡単に説明しておこう．満期 1 年，年利 4% の安全債権が市場に存在するとしよう．このとき，手元にある 1 のキャッシュで当該債権を購入すれば，1 年後，確実に 1.04 に増加する．1 年後にキャッシュ 1 を得るには，現在 1/1.04 のキャッシュが手元にあれば十分である．

割引率は機会費用の概念に相当している．機会費用とは，ある意思決定をした際に，他の選択をしていれば獲得できる便益のうち最大のものである．年利 4% の安全債権を購入する機会がありながら，手元にある 1 の資金を他の投資に回せば，1 年後に 1.04 を得る機会を放棄することに他ならない．したがって，将来のキャッシュの価値は現在のキャッシュの 1 を基準に考えるのではなく，確実に得られるキャッシュ 1.04 を基準として価値を評価する方が合理的である．一般に，年利 r の安全な投資機会が存在する場合，n 年後に得られる便益 B_n の価値 PV は，$PV = B_n/(1+r)^n$ と表される．

公共投資に用いられる割引率は社会的割引率と呼ばれる．社会的割引率の値の妥当性を根拠づける方法には，1) 資本機会費用により設定する方法と 2) 社会的時間選好により設定する方法が考えられる．しかし，実務的には，2) の考え方に基づき設定することは困難であり，国債の利回りを参考にして決めざるを得ないとする考え方が一般的である [1]．一方，民間投資の割引率は，株式や債券の発行を通じて行う資金調達に要する資本費用，具体的には加重平均資本費用（WACC）を用いる．社会的割引率と民間投資の割引率は必ずしも一致

せず，通常，民間投資の割引率の方が高い．

　それでは，サービス購入型 PFI における VFM を定式化してみよう．民間事業者が適用する割引率をr_p，政府が適用する社会的割引率r_gと表す．サービス購入型 PFI の場合，民間事業者が獲得するキャッシュフローは，政府からのサービス対価支払いである．プロジェクト期間中の n 年目のサービス対価をP_n，民間が支払う費用をC_n^pとしよう．簡単化のため，PFI 市場は十分に競争的であり，入札時点の割引現在価値をゼロとするようなサービス対価（キャッシュフロー）を入札で要求する．このとき，次の関係が成り立つ．

$$\sum_{n=0}^{N} \frac{P_n}{\left(1+r_p\right)^n} - \sum_{n=0}^{N} \frac{C_n^p}{\left(1+r_p\right)^n} = 0$$

　ここでは，従来型と PFI のいずれの場合も便益が同じであると仮定する．VFMを「従来型で政府が実施したときのライフサイクル費用と PFI で実施したときのライフサイクル費用，すなわち SPC へのサービス対価の差」とすれば，用いるべき割引率は社会的割引率であり，

$$\text{VFM} = \sum_{n=0}^{N} \frac{C_n^g}{\left(1+r_g\right)^n} - \sum_{n=0}^{N} \frac{P_n}{\left(1+r_g\right)^n}$$

となる．ただし，C_n^gは，政府が実施したときの第 n 期に発生する費用である．上記 VFM はキャッシュフロー列の形式に依存する．定性的なメカニズムを理解するために，簡単化のため，第 0 期（$n=0$）に建設し，第 1 期（$n=1$）に便益が発生する事業を考える．政府が建設するときの費用をC^g，民間の場合の費用をC^pとする．第 1 期にサービス対価Pを SPC に支払う．簡単化のため，運営費用はゼロとする．民間の収支均衡式は，

$$\frac{P}{1+r_p} - C^p = 0$$

となる．VFM は，

$$\text{VFM} = C^g - \frac{P}{1+r_g} = C^g - \kappa C^p, \quad \text{where } \kappa = \frac{1+r_p}{1+r_g}$$

となる．仮に，$r_p = r_g$であれば$\kappa = 1$となり，VFM は政府の投資費用と民間の投資費用の差となる．一方，$r_p > r_g$のとき，$\kappa > 1$となり，PFI の資本費用が相対的に高くなり，VFMVFM の低下要因となることが分かる．

補.1.3　インフラサービスにおける政府の役割

> インフラサービスは，政府により直接供給されているか，民間により供給される場合でも，政府による規制が設けられていることが多い．本節では，なぜインフラサービスの供給では政府が関与すべきかを説明し，政府が果たすべき役割について解説する．

　PPP/PFI の対象はインフラサービスであり，その供給にあたっては，一般的に政府が主導的役割を果たすべきであると考えられている．PPP/PFI はインフラサービス供給において民間の権限を拡大するものであり，官と民の間の線引きをどうすべきか，という問いが最も本質的な論点となる．この点を理解するために，インフラサービスにおける政府の役割について概説しておこう．

　経済システムにおいて政府が果たす役割を議論する出発点として，「市場の失敗」という概念がある．新古典派経済学の考え方に基づけば，完全市場と呼ばれる理想的な世界において，利潤最大化を目的とする民間企業に価格ないし供給量を自由に決定する権利を与え，市場で自由に売買を行えば，自ずと社会的厚生が最大化され，効率性を基準とする経済学的規範に照らして望ましい状態が実現する．しかし，こうした市場の素晴らしい機能は常に発揮されるわけではなく，1) 財が公共財（public goods）の性質を持つ場合，あるいは 2) 市場に委ねれば自然独占が生じる場合には，いわゆる「市場の失敗」が生じる．このとき，社会的厚生の最大化を目的とする政府による市場への介入により，市場の失敗の問題を克服ないし軽減できる．

　まず市場の失敗が生じるケースである公共財について説明しよう．1 つ目の公共財は，1) 非排除性（non-excludability）と 2) 非競合性（non-rivalry）の 2 つの性質で特徴付けられる．非排除性とは，人々が財を消費することを技術的に排除困難な財の性質を意味する．例えば，堤防を建設した場合，その付近に住む特定の人のみ，堤防の効果を享受できないように排除するといったことはできないであろう．次に，非競合性は，ある人が財を消費したとしても，他の人もその財を消費することができ，人々の間で消費を巡る競合が起こらないような財の性質を意味する．例えば，道路を考えてみよう．渋滞が発生しない限りにおいて，道路を利用する車が 1 台増えたとしても，他の車の利用者が享受す

る走行の快適性は影響を受けず，非競合性の性質を満足する．しかし，渋滞が発生すれば，車が 1 台増えれば，他の車の走行速度を低下させ，非競合性の性質を満足しない．非排除性を有する財は，利用者が対価を支払わずに消費が可能となり，金銭的リターンを確保することが技術的に難しい．したがって，民間企業は，非排除性を有する財を自発的に供給するインセンティヴを持たず，市場に委ねれば過小供給となる．

　また，非競合性を有する財は，財の供給を 1 単位増加させても，追加的費用がかからず，限界費用がゼロであることに他ならない．社会的厚生の観点から見れば，非競合性が成立する限り，できるだけ多くの人々に利用してもらった方が望ましくなる．非競合性を有する財の供給を民間企業に委ねれば，課金等によって利用者の排除が起こり，過少供給となる．

　次に，市場の失敗が生じる二つ目のケースである自然独占について説明しよう．財の供給のあたり大規模な初期投資が必要となるような事業では，財の供給量を増加させるほど，長期平均費用が低下するという規模の経済が働く．このような財の供給を民間企業に委ねれば，規模が大きい民間企業の価格競争力が高くなり，新たな市場参加者が現れなくなる自然独占が生じる．自然独占の下では，潜在的な競争相手がいなくなり，いわゆるコンテスタビリティ（contestability）が低下する．このとき，利潤最大化を目的とする民間事業者は，望ましい水準よりも高い価格を設定し，結果として過少供給となる．

　以上のように，市場の失敗が生じる状況において，政府が経済システムに何らかの介入を行うことが正当化される．インフラは社会経済活動の基盤的機能を提供しており，市場の失敗が生じやすい性質を有している．公共財の性質をもつ財は，利用者から対価を取ることができない．政府と民間企業の違いは，政府が徴税権を有する点である．公共財については，政府が税金を原資として供給することにより市場の失敗を回避できる．自然独占に対しては，政府が直接供給することも可能であるし，プライスキャップ [1] のように民間に委ねつつも価格を規制するといった介入により市場の失敗を是正することができる．PPP 等により，民間に与える裁量を拡大する事業スキームであっても，そもそも対象とする財やサービスがどのような性質を持ち，政府がどのような役割を果たすべきかを見極めるとともに，その役割を果たすために確保しておくべき公的権限が何かを熟考しておくことが肝要である．

補.1.4　PPP/PFI における契約設計の考え方

PPP/PFI と一口に言っても，その契約の仕方には多様性がある．良い契約の仕組みとはどのようなものか？以下では，経済学的視点から PPP/PFI における契約設計上の論点について整理する．

　補.1.1 で述べたように，PPP は政府等と民間企業の間の契約上の仕組みである．契約は，PPP を構成する最も本質的な制度的要件であり，事業のガバナンスを成立させる基本的仕組みである．まずは，その契約の機能について説明しておこう．契約は取引の基本となる．しかし，スーパーなどの取引は一瞬で完了するため契約を結ぶことはない．契約は，その成立と実際の履行の間に時間がかかる場合に必要となる．契約の成立と履行との間に時間がかかるために発生する問題の中で最も経済学的に重要なものは，1)　偶発的事態に対する責任を取引当事者間で分配することと，2)　情報の交換を促進することである[2]．しかし，これらの契約の機能は，以下で説明する「情報の非対称性」や「契約の不完備性」といった現実的な制約によって不完全なものとならざるを得ない．このとき，契約当事者が契約や法律，規制などで規定されるルールを適切に設計すべき理由は，まさにこの不完全性に伴う費用[2]を最小化することにある．

　伝統的な契約理論では，契約関係を依頼人（principal）と代理人（agent）の 2 者関係として概念化する．PPP/PFI 事業では，依頼人が政府等であり，代理人が民間事業者に相当する．契約における情報の非対称性の問題は 2 つに大別できる．一つは契約締結後の代理人の行動を依頼人が観察できない場合（モラル・ハザード）であり，もう一つは，契約締結以前に代理人が有する情報を依頼人が観察できない場合（逆選抜）である．

　経済学の分野では，モラルハザードは，依頼人が代理人の努力による成果を直接観察できず，代理人が望ましい努力を行わないことによって生じる非効率性の問題として定義される．PPP/PFI 事業の文脈で言えば，民間事業者は，受け取る報酬がサービスの質と関連付けられていなければ，サービスの質を向上させるインセンティヴを持たないだろう．また，あるリスク事象に対して，民間事業者の努力によりリスクを軽減できるとしても，仮にリスク発生による追加費用が政府等によって補填されれば，民間事業者はリスクを適切に管理するイ

ンセンティヴを持たないだろう．これが「リスクを最もうまく制御できる主体がリスクを負担すべき」とするリスク分担の考え方の根拠となる．インセンティヴを生み出すためには，努力と報酬を連動させる必要がある．しかしながら，努力は必ずしも報われるわけではない．努力しても成果に結びつかなければ報酬に繋がらない．それは民間事業者にとってはリスクである．インセンティヴとリスク負担はトレードオフの関係にある．

次に，逆選抜とは依頼人が代理人の属性に関する情報が不完全にしか分からないことにより生じる非効率の問題として定義される．PPP/PFI 事業では，政府等が民間事業者の事業遂行能力や費用効率性等の能力特性を直接知ることができない．一般的に，契約及び入札手続きでは逆選抜の問題を軽減するための仕組みが備わっている．入札は費用効率性が優れた民間事業者をスクリーニングするための方法である．また，入札手続きにおいて過去の実績の提出を求めて事業遂行能力を評価したり，瑕疵担保期間を設定して品質確保能力が低い民間事業者を排除したりするなど，民間事業者の能力特性が高い事業者との契約が実現するように工夫されている．

最後に，契約の不完備性から生じる問題について説明しておこう．契約の不完備性に関する標準的な定義は，起こりうる様々な偶発的事象を立証可能な形で記述することが現実的に難しいとする「条件付けの不完備性」として概念化される [3]．契約が不完備であり，明確に条件付けができていない事態に直面すれば，契約当事者は，義務や報酬を再交渉により改めて合意せざるを得ない．

再交渉の可能性と情報の非対称性の問題が相まって，代理人による戦略的ハザードが生じる [4]．交渉がうまくロビー活動に熟練している企業は，再交渉を通じて得られる追加的な収入を考慮して，受注競争に勝ち抜くために，安い価格で入札するかもしれない．このとき，技術的に高い能力をもつ企業よりも，技術力よりも交渉の技術に長けた企業が結果として落札する可能性がある．また，再交渉は，事業者にとって財務的な均衡を確保するための調整手段であるという根拠に基づき，それが実施されれば，実質的なコストプラス方式の契約となる．この場合，事業者にとって，コスト削減に努力するインセンティヴは失われる．契約の不完備性は，偶発的事象を立証可能な形で記述するための契約記述上の工夫とともに，効果的な紛争解決方法を利用することによって軽減することができる [5]．

補.1.5　経済学におけるバンドリング（**bundling**）

> 経済学の文献においてバンドリングとは，インフラ施設の場合において，設計・建設・運営・維持管理などの複数工程を一つの企業が一括して行うことを意味している．ほとんどの経済学者が，PPP の本質的意義は，バンドリングから発生する効率性向上（efficiency gains）にあると論じている．しかしながら，バンドリングが有効に機能するためには，幾つかの条件がある．

　PPP の最も本質的なメリットは，長期の契約を通じて官と民が役割分担して協調することで，民間企業が公的部門に対してもっている比較優位性を，社会インフラサービスの提供において実現することにある．この比較優位性は，一般的には主として費用の削減とサービス品質向上に求められる．

　しかしながら，多くの場合，政府はインフラサービスの提供に必要な設計・建設・運営・維持管理などの業務を個別に民間企業に発注しているため，従来型の公共事業においても実際の作業の担い手の多くは既に民間企業となっている．では，どうして PPP は，公的部門に対して比較優位性を発揮できるのか．経済学は，そのことを突き詰めれば，複数の工程を一括して同じ民間企業に発注すること（bundling）を通じて発生する効率性の向上が PPP の本質的なメリットであると論じている[6]．

　ここで一括発注によるメリットには，いくつかの源泉がある．最も重要かつ代表的なものとしては，設計・建設・運営・維持管理を一括受注することで，長期の運営・維持管理費用を含めたライフサイクルコストを最小化する最適な施設整備設計を一つの事業体が行えるようになる点が挙げられる．同様に，あくまでも利用者との接点を担当している運営者の目線で最も適切な施設整備設計を行うことで，最終的なサービス提供段階において利用者の満足度や支払意思額が最も高まるように施設設計できる点が挙げられる．仮に個別の工程ごとに別々の企業に発注した場合には，個々の工程を担当する企業は，担当箇所の部分最適だけを追い求め，全体最適を検討するインセンティヴはなくなってしまう．特に，各工程の受注企業からすれば，官から受け取る対価は多ければ多いほど良くなるため，コスト削減のインセンティヴは，競争にさらされること以上には，受注企業側に有効に働かない．一方，一括発注で請け負った企業

（SPC）は，最終的に受け取れる収入を最大化するために質を向上させる，あるいは，最終的に発生する費用の総額を最小化することを通じて利益の最大化を図るため，全体最適の達成のための取り組みのインセンティヴを当該企業において内部化（internalize）することができる．

　一方でバンドリングによる効果が発現するためには，いくつかの要件がある．第1に，最終的なサービス提供の品質を官民間の契約において，強制執行可能な水準にまで明確に規定できることが重要である（「Contractibility」と呼ばれる）．あえてこの点が問題となるのは，施設の建設においては定められた設計書通りに工事を行って完工するように請負企業の義務を契約上規定することは簡単であるが，提供する最終的なサービス品質を契約に曖昧さなく規定することは必ずしも簡単ではない．典型的には，学校，病院，刑務所の授業・治療・収監などのように，運営者が自ら行っているサービス品質を契約で規定することは極めて困難である．PPP はこのような中核的な運営部分には適用できないため，それらを除いた周辺サービスと施設整備に適用されることが多い．

　第2に，Iossa and Martimort[7]によれば，対象となるインフラの運営（operation）にかかる難易度が高い場合において民間企業が適用する技術やビジネスモデルの信頼性が十分に実証されておらず，安易に適用するとかえって不安定なサービス提供がなされてしまう可能性があるため，特に政府・自治体側と民間企業の間に大きな情報の非対称性がある場合には，こうした分野でのバンドリングの手法の適用は適切ではないとされる．PPP のバンドリングが効果的に活用されるためには，採用される技術が十分に実証されて安定的に稼働できることが確認されている場合に機能することを意味している．具体的には，日々の技術革新が著しい情報通信技術などの分野では，PPP を利用してバンドリングすることは必ずしも最適ではないことが挙げられる．

　なお，経済学で PPP におけるバンドリングの効果という場合には，一つの事業者が複数の事業を一括して行うバンドリングのことは指さないことが一般的である．なぜなら，複数事業を同時並行的に行うことのメリットは，公共事業の請負契約を同時に複数請け負うことからも生じうる．複数年契約についても同様で，例えば，施設の維持管理だけの短期外部委託契約を複数年契約にすることによるコスト削減効果は，PPP に固有のものではない．ただ，PPP とすることにより，従来型と比べてそのような調達がしやすくなると言える．

補.1.6 PPP によるリスク移転の効果

> PPP がもたらす重要な効果は，官民間の適切なリスク分担を通じて，もともとは官が負っていたリスクのなかで，民間事業者が相対的により適切かつ安価にマネージすることができる場合，当該リスクを民間企業に移転することによって，官の責任と費用を軽減することができる，というものである．一方で，情報の非対称性が強い場合には，リスク（責任）を移転することが，不適切となる場合がある．

PPP は，長期の契約を通じて官と民とが適切にリスク分担を行って，インフラサービスの提供に必要な設計・建設・運営・維持管理を効率的に行うことを目指している．したがって，官が民との対比で相対的には不得意な業務があって，PPP を通じて民間企業がより適切にリスクをマネージできるのであれば，官から民にその業務を移管することでリスクを適切に移転することができる．この場合，リスクの種類によっては，土地収用リスク，許認可取得遅延リスク，地下地質データリスク，法制変更リスク，競合性のある施設建設リスクなど，もともと民間企業に優位性が無く，官が担当するのが望ましいリスクもあるため，民間へのリスクの移転はリスク事象ごとに適切に行わなければならない．また，移転されるリスクのマネジメントとは，リスク事象の発現そのものを抑えるという側面と，発生してしまったリスクによる損害や負担を最小化するという側面の両方があり，その両方の側面を総合的にとらえたリスク移転にかかる能力の判断が必要となる．また，民間事業者が当該リスク負担を受け入れる費用が相対的に安価であるかどうかも重要である．

どのように官から民にリスク移転を行うべきかについては，ある程度の一般的な原則が認められているが，その原則を個別の事業に杓子定規に当てはめることは，必ずしも適切とは言えないことが経験的にわかっている．したがってリスク移転の在り方は，プロジェクトの特質に応じて，個別に調整を行うことが必要である．

公共事業では，官側が幾つかの潜在的なリスクを抱えている．設計や建設に関しては，既にそれぞれ民間企業に外注しているにしても，個別に発注していたのでは，運営・維持管理する立場から言っても最適な仕様となっているとは限らないほか，費用効率の観点からも最適なライフサイクルコストとなるよう

な施設設計となっているとは限らないため，設計業務の外注そのものにリスクがある．建設に関しては，一流の企業に発注するにしても，発注者として施工管理を適切に行わなければ，工事の完工遅延リスクやコストオーバーランのリスクがある．特にランプサム契約で契約する場合には，契約する相手方となる建設会社側からも，厳格な契約管理を要求され，設計変更命令書などの追加発注リスクを負うことになる．さらに，施設の運営についても，官においては必要な専門人材を長期的に継続確保・配置・育成することや，最新の技術を踏まえた安全管理体制をしくことが難しい場合などにおいて，民間企業が優位性を発揮できる場合がある．施設の維持管理に関して言えば，民間事業者は自らが長期的な維持管理計画をたてることで，ライフサイクルコスト最適化に資する対応が可能である．対利用者へのサービス提供や苦情対応の接点でも，民間企業の職員の方が，より丁寧かつ顧客本位でのサービス提供ができる場合があるなど，民間企業の優位性が認められる場合がある．

　こうして PPP において達成されるリスク移転の価値を数量的に評価することは簡単ではないが，参照できる必要なデータが整っていれば，オプションの理論等を使ったリスク移転の効果の数値化は可能である．また，こうした民間へのリスク移転は当然のことながら，リスクプレミアム[3]という形で政府・自治体が民間に支払う一定の対価を伴う．なお，実証研究として，欧州の EIB 融資案件（200 件）のデータを基にした分析がある[8]．

　なお，情報の非対称性があるとリスク移転は適切に行われなくなる．例えば道路舗装状態のモニタリングについて，官民の間に情報の非対称性があれば，民間事業者による手抜き工事等によって実際に事故が発生した場合でも，官民間の契約で定めている民間事業者のパフォーマンス基準が曖昧になっている場合には，国家賠償法に基づき官側に第 3 者損害賠償責任だけが発生し，官側は民に対して求償をする契約上の根拠がなくなる場合がある[1]．契約上でリスクを適切に民間に移転したつもりであっても，事業者が行っている業務を適切に監視・モニタリングできる客観的な仕組みを支える契約がなければ，リスク移転することはできない点につき留意が必要である．これは，保険によってリスクをカバーしようとする場合も同じであり，免責条項などの精査が必要である．

補.1.7　プライベートファイナンス

> PPP に対するファイナンスは，スポンサー企業が対象事業のために設立した
> 特別目的会社（SPC）を借手とするプロジェクトファイナンスの融資を通じ
> て行われる．この場合，金融機関への唯一の返済原資は，SPC が受け取る事
> 業収入である．銀行の融資は，債券等の他の金融手法に比べて，プロジェク
> ト実施段階でのリスクの発現に応じた柔軟な返済計画の再構築が可能である
> ほか，詳細な事前の融資審査結果を基に設定された融資契約中の特約条項を
> 通じてプロジェクトの実施状況を綿密にモニタリングするという観点からも
> 有効に機能する．

　民営化企業（公益事業者）の資金調達においては，企業全体の資産・キャッ
シュフローをバックとしたコーポレートファイナンスの手法が使われる．一方，
入札等を通じて個別に受注した PPP は，長期とは言えあくまでも有期契約に基
づくものであり，スポンサー企業は，SPC の有する資産と契約だけを金融機関
に担保提供して資金調達を行うプロジェクトファイナンスの手法を用いて，自
己資金（エクイティ）のみならず金融機関からのノンリコース融資（デット）
を取り入れてレバレッジの原理を使い自己資本利益率（ROE）を高めている．
　しかしながら，Esty[9]は，レバレッジの原理だけでは，高いレバレッジが出資金
に及ぼすリスクとコストを説明できないとしたうえで，プロジェクトファイナ
ンスを利用する主な動機として，①SPC のなかでのエージェンシーコスト（所
有と経営，スポンサー間，SPC と契約先）の削減，②スポンサーの過剰債務を原
因とする過小投資に伴う機会費用の削減，③SPC の倒産コストからスポンサー
を遮断ためのリスクマネジメントの 3 つ挙げている．また，Esty and Megginson[10]
は，プロジェクトファイナンスは，債券等他の金融商品との比較において，第 1
に，より綿密・緻密な借入人へのモニタリング・牽制機能を有し，第 2 に，対
象プロジェクト破綻時の債務再構築に安価に取り組める柔軟性をもち，第 3 に，
多くの銀行をシンジケートとして形成することで，借手の戦略的デフォルトに
抑止力をもつとしている．くわえて，ほとんどの債券が資金受払・返済とも全
額一括であり，最もリスクが高くなる完工前リスクにも敏感であるのに対し，
銀行のプロジェクトファイナンスは，建設進捗や契約先に対する支払いに即し
た柔軟な貸出方式をもち，かつ完工前のリスク受容度も高いことに特徴があり，

インフラ事業に適しているほか，その仕組みを通じて変動する政治経済状況に対応する柔軟性や外的ショックに耐える構造をもっているとされる．

　プロジェクトファイナンスは，融資対象となる PPP 事業がより多くのリスクを抱えていれば，その分金利はさらに高くなるほか，SPC が担わされた事業リスクが高すぎて，事業キャッシュフローのヴォラティリティが高すぎれば，金融機関は融資できない．プロジェクトファイナンスでは，金融機関の審査（デューデリジェンス）に必要となる複数の専門コンサルタントへの委託作業や様々なリスク事象の発現に応じた対応を規定した契約書の作成等に多くの取引費用がかかるため，規模の小さな事業には適さない．

　プロジェクトファイナンスにかかる金利と，政府・自治体が資金調達する際の金利差を，PPP プレミアム[り]と呼ぶ．PPP プレミアムが発生する原因は主として二つある．ひとつには，政府・自治体は，追加的に必要な費用があれば，広く分散化した納税者に徴税することを通じて資金調達することができるという点で，他者がもちえない特殊なリスク分散機能を有する．第2には，民間企業は公的機関に比べよりアグレッシブにリスクをとってでも，高い利益を目指す特性があり，その分の事業リスクを反映している．また，民間企業が適切にコントロールできない需要リスクが，民間企業に転嫁されている場合においては，その分のプレミアムが付加される．

　プロジェクトファイナンスによる融資金は，その返済原資を事業から発生するキャッシュフローに依存しているため，事業の成否と元利返済の可否が，エクイティ資金がデットに劣後する点を除けば，連動している．「事業者の財務状況が悪化した場合には，融資契約上の財務制限条項に抵触し，問題を修復する仕組みが働く」，「金融機関による事業の監視が行われるため，一定の効果を得る」（いずれも内閣府手引き[11]）とされる．

　一方で，単純に SPC が借入主体となっていることや，親会社が SPC の借入債務の保証を行ってないことだけをもって，プロジェクトファイナンスの仕組みが PPP の事業について適切なモニタリング・牽制機能を果たしていると見做すことはできない．銀行団が借入人たる SPC との間で構築するセキュリティパッケージの内容を仔細に見なければ，借入金の返済原資が対象プロジェクトから生ずるキャッシュフローだけに依存しており，銀行による事業のモニタリング・牽制が有効に機能しているか否かは十分には見極められない．

注

1. 民間企業が自由に決めることができる価格の範囲に上限を設ける規制のこと．

2. Williamson によって提唱された取引費用（transaction cost）の概念に相当する．

3. 一定のリスクを請け負うことに伴い，民間事業者にとっての収益キャッシュフローのヴォラティリティは高まる．ヴォラティリティの高い事業に関しては，事業者は相当する対価として一定のプレミアムを官側から要求することになる．

参考文献

1) Engel, E., Fischer, R. D. and Galetovic, A.: The Economic of Public-Private Partnerships, Cambridge University Press, 2014, 安間匡明訳：インフラ PPP の経済学，金融財政事情究会，2017.

2) 交通工学研究会：道路投資の費用便益分析—理論と応用—，丸善出版，2008.

3) Cooter, R. and Ulen, T.: Law and Economics, Harper Collins, 1988, 太田勝造訳：法と経済学，商事法務研究会, 1990.

4) 伊藤秀史：契約の経済理論，有斐閣，2003.

5) 大西正光，坂東弘，小林潔司：PFI 事業におけるリスク分担ルール，都市計画論文, Vol. 38, No. 3, pp. 289-294, 2003.

6) Hart, O.: Incomplete contracts and public ownership: Remarks and an application to Public Private Partnerships, *Economic Journal*, Vol. 113, pp. C69-76, 2003.

7) Iossa, E. and Martimort, D.: Risk Allocation and the Cost and Benefits of Public and Private Partnerships, *Rand Journal of Economics*, Vol. 43, No. 3, pp. 442-474 2012.

8) Blanc-Brude, F., Goldsmith, H. and Välilä, T.: Ex ante construction costs in the European road sector: A comparison of Public-Private Partnerships and traditional public procurement, *EIB Economic and Finance Report*, No. 2006/1, 2006.

9) Esty, B.: Economic motivations for using project finance, mimeo, Harvard Business School, 2002.

10) Esty, B. and Megginson, W.: Creditor rights, enforcement and debt ownership structure, *Journal of Financial and Quantitative Analysis*, Vol. 38, No. 1, pp. 57-59,

2003.

11) 内閣府ホームページ「事業導入の手引き」（2020 年 1 月 17 日アクセス）

  <https://www8.cao.go.jp/pfi/pfi_jouhou/tebiki/tebiki_index.html>

補.2　確率分布が得られたときのリスク定量化手法

事業を進めるにあたって事業工程ごとのリスク発生確率分布が得られる
場合は，リスクのファクター，イベントとインパクトの関係を整理し，
リスク発生確率を事業工程に沿って当てはめ，モンテカルロシミュレー
ションを用いて事業全体のリスクを定量的に推計することができる．

　事業のリスクを評価するにあたっては，本文で示した通り，リスクワークショップなどを介してリスクの発生確率や影響度を段階的に評価し，ランキングマトリックスで大きな影響をもたらすかどうかを判断する方法が考えられる．これは，リスクに関するデータの蓄積が十分ではなく，個々の事業工程におけるリスク別の確率密度分布が得られないことが大きな理由のひとつとなっている．本来は，より精緻なリスクの定量化が望まれる．一方，リスクの定量化の必要性が叫ばれるようになってから一定の年月が経過しており，この間に事業のリスクデータの蓄積がなされたケースもある．このデータに基づいて確率密度分布が得られる場合は，より精緻な定量化が可能である[1]．

　まず，リスクをファクターとイベントとインパクトの連なりと考える．台風の襲来などのリスクが顕在化する原因となるファクターがあっても，それが実際に追加的な工事の発生などの具体的に観察されうるイベントに必ずつながるわけではない．また，追加的工事というイベントが発生したとしても，何らかの工夫をして費用を吸収することで，追加費用の発生といったインパクトにまでつながることを防ぐこともできる．すなわち，ファクターからイベント，イベントからインパクトには，一定の発生確率が存在する．類似工事の実績から，対応に苦慮した実例を含むデータを収集し，蓄積することで，個々のつながりの間の発生確率密度分布を得ることができれば，これらの関係を知ることができる．

　個々のリスク間には関連性がある場合がある．例えば，あるリスクが発生することで事業を取り巻く状況が変化し，他のリスクが発生しやすくなったり，インパクトの規模に影響したりするケースなどである．複数のリスク間で相乗効果があり併せて発生することでより大きなインパクトが発生するのであれ

ば，その関係を断ち切るマネジメントが必要となる．また，リスクの同時性も考える必要がある．同じ時期に発生しやすいファクターによってリスクイベントが発生する可能性が高い場合，同時期にリスクが顕在化し，対応に苦慮するケースがあるからである．蓄積したデータによって確率密度分布を得る場合には，リスク間の関連性と同時性に配慮しなければならない．

　工程別のリスクに関する発生確率密度分布が得られたら，通常の工程計画などで用いられる事業のフローチャートを作成する．そして，そのそれぞれの工程に確率密度分布を当てはめていくことになる．なお，実際には，それぞれの工程で確率密度分布が得られるほど十分なデータ数が収集できないケースが多い．似通った事業工程の確率密度分布で代用したり，少ないデータから敢えてシンプルな分布形を特定したりすることが求められる．事業全体のリスクを定量化するためには，フローチャートの工程全体にわたって，何らかの確率密度分布を設定せざるを得ないので，そのような対処が必要となるが，得られた結果はその範囲内での数値であると明示される．フローチャートに確率密度分布が当てはめられたら，フローチャートのスタートポイントである事業着手段階からデータをインプットし，モンテカルロ法によって複数回シミュレーションする．事業全体の費用増減や期間増減は確率分布で得られるから，その分布形を見てリスクの定量評価とすることになる．

　工程管理上のフローチャートを用いるので，フローチャート上の前工程のインパクトが次の工程のファクターになるとい連鎖関係を構築していることになる．例えば，ある工程でイベントが発生し一定確率でインパクトが発生すると，それが次の工程のファクターとなるし，インパクトが発生するに至らなければ，次の工程へリスクが連鎖しない．また，クリティカルパスでない工程で，遅延インパクトが発生しても，クリティカルパスよりも早い期間でそのフローの工程が終了すれば，それ以降にリスクインパクトは波及しない．このような状況を加味して，リスクの定量化が可能である．

参考文献

1)　佐藤有希也，宮本和明，北詰恵一，小谷一仁：実データに基づく道路事業工程に沿ったリスク分析，土木計画学研究・講演集 Vol.30，CD-ROM，2004.

あとがき

　本書を執筆している最中にPPP/PFI推進アクションプラン（令和元年度改定版）が公表になった．平成26年度から継続して混合型コンセッションの積極的な取り組みを掲げた後に，「そのためには，サービス購入型PFI事業や指定管理者制度等の多様なPPP/PFI事業をファーストステップとして活用することを促すことが効果的である．また，我が国においてこれまでハコモノ中心に活用されてきたサービス購入型PFI事業についても，インフラ分野，特にIOTを始めとする新技術の利活用による民間のノウハウを活かした効率的な維持管理の視点から，インフラの新設はもとより，道路等個別施設の維持管理・修繕・更新等へと活用の裾野を拡大することが重要である．」と記述されている．令和元年改訂版ではそれに加えて，「インフラの老朽化に加え地方公共団体職員が不足する中，必要な人材を確保し，効率的且つ良好な公共サービスを実現するため，キャッシュフローを生み出しにくいインフラについても積極的にPPP/PFIを導入していく必要がある．」と追記されたが，これはまさしくサービス購入型PFIに関する記述である．サービス購入料の決定方法の工夫で民間事業者にインセンティブを与えることにより，財政支出の削減に加えて，よりサービス水準の向上を図ることを促すものである．これは，主にサービス購入型PFI事業を対象にVFMを高めるマネジメントに関して論じた本書の趣旨にも合致する．

　これまでわが国においては，コンセッション事業を除いて，いわゆるインフラ分野での事業はほとんど見られない状況であった．しかし，1章にも書いたように「多様なPPP/PFI手法導入を優先的に検討するための指針」に基づくと事業費が10億円を上回る事業はPPP/PFIを優先的に検討する対象となることと，上記のアクションプランにおける方針を受け，インフラ分野でのサービス購入型を含めたPFI事業が推進されることが期待できる．本書で示した事業のVFMを高めるためのマネジメントは，これまでのPFIが適用されてきた事業分野はもとより，新たなインフラ分野の事業にも貢献するものと考えている．

　土木学会建設マネジメント委員会インフラPFI/PPP研究小委員会ではこれまでPFI/PPPに関わる広範な課題に対して取り組んできている．本書はその中のVFMに特化した部分のみをとりまとめたものである．これまでの成果は研究小委員会のWebサイトに掲示してあることを再度記しておきたい．

　本書の出版に対しては土木学会出版委員会の支援をいただいた．ここに，記して謝意を表する次第である．

公益社団法人　土木学会
建設マネジメント委員会
インフラ PFI/PPP 研究小委員会
http://www.jsce.or.jp/committee/cmc/infra-pfi/

定価 1,430 円（本体 1,300 円＋税 10%）

公共調達における事業手法の選択基準：VFM

令和 3 年 2 月 25 日　第 1 版・第 1 刷発行

編集者……公益社団法人　土木学会　建設マネジメント委員会
　　　　　インフラ PFI/PPP 研究小委員会

発行者……公益社団法人　土木学会　専務理事　塚田　幸広

発行所……公益社団法人　土木学会
　　　　　〒160-0004　東京都新宿区四谷 1 丁目（外濠公園内）
　　　　　TEL　03-3355-3444　　FAX　03-5379-2769
　　　　　http://www.jsce.or.jp/

発売所……丸善出版株式会社
　　　　　〒101-0051　東京都千代田区神田神保町 2-17
　　　　　TEL　03-3512-3256　　FAX　03-3512-3270

©JSCE2021／The Construction Management Committee
ISBN978-4-8106-1000-0
印刷・製本・用紙：シンソー印刷（株）